职业技术教育课程改革规划教材
光电技术应用技能训练系列教材

激光焊接机装调知识与技能训练

JI GUANG HANJIEJI ZHUANGTIAO
ZHISHI YU JINENG XUNLIAN

主　编　陈毕双　牛增强
副主编　丁朝俊　蔡木坤　崔　巍　孙智娟
参　编　董盛沛　邵　火　张利东　黄　玲
主　审　唐霞辉

华中科技大学出版社
http://www.hustp.com
中国·武汉

内 容 简 介

本书在讲述激光技术基本理论和测试方法的基础上,通过完成具体的技能训练项目来实现掌握激光焊接机整机安装调试、维护维修的基础理论知识,掌握职业岗位专业技能的教学目标,每个技能训练项目由一个或几个不同的训练任务组成,主要包括激光焊接机主机装调技能训练、光纤传导光路系统装调技能训练、激光焊接机整机装调技能训练。

因为本书以真实技能训练项目代替了大部分纯理论推导过程,所以本书特别适合作为职业院校激光技术应用相关专业的一体化课程教材,也可作为激光焊接机生产制造企业员工和用户的培训教材,同时可作为激光设备制造和激光设备应用领域的相关工程技术人员的自学教材。

图书在版编目(CIP)数据

激光焊接机装调知识与技能训练/陈毕双,牛增强主编.—武汉:华中科技大学出版社,2018.8
职业技术教育课程改革规划教材.光电技术应用技能训练系列教材
ISBN 978-7-5680-4507-0

Ⅰ.①激…　Ⅱ.①陈…　②牛…　Ⅲ.①激光焊-焊接设备-职业教育-教材　Ⅳ.①TG439.4

中国版本图书馆 CIP 数据核字(2018)第 191339 号

激光焊接机装调知识与技能训练　　　　　　　　　　　陈毕双　牛增强　主编
Jiguang Hanjieji Zhuangtiao Zhishi Yu Jineng Xunlian

策划编辑：王红梅
责任编辑：刘艳花
封面设计：秦　茹
责任校对：李　琴
责任监印：周治超
出版发行：华中科技大学出版社(中国·武汉)　　　电话：(027)81321913
　　　　　武汉市东湖新技术开发区华工科技园　　　邮编：430223
录　　排：武汉市洪山区佳年华文印部
印　　刷：武汉科源印刷设计有限公司
开　　本：787mm×1092mm　1/16
印　　张：11.5
字　　数：275千字
版　　次：2018 年 8 月第 1 版第 1 次印刷
定　　价：32.80 元

职业技术教育课程改革规划教材——光电技术应用技能训练系列教材

编审委员会

序　言

　　激光及光电技术在国民经济的各个领域的应用越来越广泛,中国激光及光电产业在近十年得到了飞速发展,成为我国高新技术产业发展的典范。2017 年,激光及光电行业从业人数超过 10 万人,其中绝大部分员工从事激光及光电设备制造、使用、维修及服务等岗位的工作,需要掌握光学、机械、电气、控制等多方面的专业知识,需要具备综合、熟练的专业技术技能。但是,激光及光电产业技术技能型人才培养的规模和速度与人才市场的需求相去甚远,这个问题引起了教育界,尤其是职业教育界的广泛关注。为此,中国光学学会激光加工专业委员会在 2017 年 7 月 28 日成立了中国光学学会激光加工专业委员会职业教育工作小组,希望通过这样一个平台将激光及光电行业的企业与职业院校紧密对接,为我国激光和光电产业技术技能型人才的培养提供重要的支撑。

　　我高兴地看到,职业教育工作小组成立以后,各成员单位围绕服务激光及光电产业对技术技能型人才培养的要求,加大教学改革力度,在总结、整理普通理实一体化教学的基础上,开始构建以激光及光电产业职业活动为导向、以校企合作为基础、以综合职业能力培养为核心,将理论教学与技能操作融会贯通的一体化课程体系,新的教学体系有效提高了技术技能型人才培养的质量。华中科技大学出版社组织国内开设激光及光电专业的职业院校的专家、学者,与国内知名激光及光电企业的技术专家合作,共同编写了这套职业技术教育课程改革规划教材——光电技术应用技能训练系列教材,为构建这种一体化课程体系提供了一个很好的典型案例。

　　我还高兴地看到,这套教材的编者,既有职业教育阅历丰富的职业院校老师,还有很多来自激光和光电行业龙头企业的技术专家及一线工程师,他们把自己丰富的行业经历融入这套教材里,使教材能更准确体现“以职业能力为培养目标,以具体工作任务为学习载体,按照工作过程和学习者自主学习要求设计和安排教学活动、学习活动”的一体化教学理念。所以,这套打着激光和光电行业龙头企业烙印的教材,首先呈现了结构清晰完整的实际工作过程,系统地介绍了工作过程相关知识,具体解决了做什么、怎么做的工作问题,同时又基于学生的学习过程设计了体系化的学习规范,具体解决学什么、怎么学、为什么这么做、如何做得更好的问题。

　　一体化课程体现了理论教学和实践教学融通合一、专业学习和工作实践学做合一、能力培养和工作岗位对接合一的特征,是职业教育专业和课程改革的亮点,也是一个十分辛苦的工作,我代表中国光学学会激光加工专业委员会对这套教材的出版表示衷心祝贺,希望写出更多的此类教材,全方位满足激光及光电产业对技术技能型人才的要求,同时也希望本套丛书的编者们悉心总结教材编写经验,争取使之成为广受读者欢迎的精品教材。

中国光学学会激光加工专业委员会主任

二〇一八年七月二十八日

前　　言

自从 1960 年世界上第一台激光器诞生以来,激光技术不仅应用于科学技术研究的各个前沿领域,而且已经在工业、农业、军事、天文和日常生活中都得到了广泛应用,初步形成较为完善的激光技术应用产业链条。

激光技术应用产业是利用激光技术为核心生成各类零件、组件、设备以及各类激光应用市场的总和,其上游主要为激光材料及元器件制造产业,中游为各类激光器及其配套设备制造产业,下游为各类激光设备制造和激光设备应用产业。其中,激光技术应用中、下游产业需求员工最多,要求最广,主要就业岗位体现在激光设备制造、使用、维修及服务全过程,需要从业者掌握光学、机械、电气、控制等多方面的专业知识,具备综合的专业技能。

为满足激光技术应用产业对员工的需求,国内各职业院校相继开办了光电子技术、激光加工技术、特种加工技术、激光技术应用等新兴专业来培养激光技术的技能型人才。由于受我国高等教育主要按学科分类进行教学的惯性影响,激光技术应用产业链条中需要的知识和技能训练分散在各门学科的教学之中,专业课程建设和教材建设远远不能适合激光技术应用产业的职业岗位要求。

有鉴于此,国内部分开设了激光技术专业的职业院校与国内一流激光设备制造和应用企业紧密合作,以企业真实工作任务和工作过程(即资讯—决策—计划—实施—检验—评价六个步骤)为导向,兼顾专业课程的教学过程组织要求进行了一体化专业课程改革,开发了专业核心课程,编写了专业系列教材并进行了教学实施。校企双方一致认为,现阶段激光技术应用专业应该根据办学条件开设激光设备安装调试和激光加工两大类核心课程,并通过一体化专业课程学习专业知识、掌握专业技能,为满足将来的职业岗位需求打下基础。

本书就是上述激光设备安装调试类核心课程中的一体化课程教材之一,具体来说,就是以多光路光纤传导激光焊接机整机安装调试过程为学习载体,使学生了解焊接机常用激光器的工作原理、学会连接多光路光纤传导激光焊接机的主要元器件、学会安装调试多光路光纤传导激光光路系统的主要部件和焊接机整机、学会进行焊接机的日常维护和排除常见故障、掌握多光路光纤传导中小型激光设备在安装调试过程中的基本知识和基本技能。

本书主要通过在讲述知识的基础上完成技能训练项目任务来实现教学目标,每个技能训练项目由一个或几个不同的训练任务组成,主要有以下三个技能训练项目。

(1)激光焊接机主机装调技能训练。

(2)光纤传导光路系统装调技能训练。

(3)激光焊接机整机装调技能训练。

因为本书以真实技能训练项目代替了大部分纯理论推导过程,所以本书特别适合作为职业院校激光技术应用相关专业的一体化课程教材,也可作为激光焊接机生产制造企业员工和用户的培训教材,同时可作为激光设备制造和激光设备应用领域的相关工程技术人员的自学教材。

本书各章节的内容由主编和副主编集体讨论形成,第 1 章前 3 节、第 2 章、第 5 章第 1 节由深圳技师学院的陈毕双执笔编写,第 1 章第 4 节、第 3 章前 2 节由深圳市联赢激光股份有限公司的牛增强执笔编写,第 3 章第 3 节由深圳技师学院的孙智娟执笔编写,第 4 章第 2 节、第 5 章第 2 节和第 3 节由深圳技师学院的丁朝俊执笔编写,附件 A 由江苏宿城中等专业学校的崔巍、深圳普达镭射科技股份有限公司的蔡木坤执笔编写。大族激光科技产业集团股份有限公司的董盛沛、广东省激光行业协会的邵火、富士康科技集团的张利东和武汉天之逸科技有限公司的黄玲提供了大量的原始资料及编写建议,深圳技师学院激光技术应用教研室的全体老师和许多同学参与了资料的收集整理工作。全书由陈毕双统稿。

中国光学学会激光加工专业委员会、广东省激光行业协会和深圳市激光智能制造行业协会的各位领导、专家和学者一直关注这套技能训练教材的出版工作,华中科技大学出版社的领导和编辑们为此书的出版做了大量的组织工作,在此一并深表感谢。

本书在编写过程中参阅了一些专业著作、文献和企业的设备说明书,谨向这些作者表示诚挚的谢意。

本书承蒙华中科技大学光学与电子信息学院的唐霞辉教授仔细审阅,提出了许多宝贵意见,在此深表感谢。

由于编者水平和经验有限,本书难免有错误和不妥之处,恳请广大读者批评指正。

编　者
2018 年 8 月

目　　录

1 激光制造设备基础知识 ……………………………………………………… (1)

　1.1　激光概述 ………………………………………………………………… (1)

　　1.1.1　激光的产生 ………………………………………………………… (1)

　　1.1.2　激光的特性 ………………………………………………………… (6)

　1.2　激光制造概述 …………………………………………………………… (8)

　　1.2.1　激光制造技术领域 ………………………………………………… (8)

　　1.2.2　激光制造的分类与特点 …………………………………………… (9)

　1.3　激光加工设备 …………………………………………………………… (12)

　　1.3.1　激光加工设备及其分类 …………………………………………… (12)

　　1.3.2　激光加工设备系统组成 …………………………………………… (16)

　1.4　激光安全防护知识 ……………………………………………………… (33)

　　1.4.1　激光加工危险知识 ………………………………………………… (33)

　　1.4.2　激光加工危险防护 ………………………………………………… (37)

2 激光焊接机主要参数测量方法与技能训练 ……………………………… (42)

　2.1　激光焊接与激光焊接机 ………………………………………………… (42)

　　2.1.1　激光焊接概述 ……………………………………………………… (42)

　　2.1.2　激光焊接机概述 …………………………………………………… (43)

　2.2　激光光束参数测量方法与技能训练 …………………………………… (47)

　　2.2.1　激光光束参数基本知识 …………………………………………… (47)

　　2.2.2　电光调 Q 激光器静/动态特性测量方法 ………………………… (51)

　　2.2.3　激光功率/能量测量 ……………………………………………… (54)

　　2.2.4　激光光束焦距确定方法 …………………………………………… (57)

　　2.2.5　激光光束焦深确定方法 …………………………………………… (58)

3 激光焊接机主要器件连接知识与技能训练 ……………………………… (59)

　3.1　激光焊接机常用的激光器知识 ………………………………………… (59)

　　3.1.1　氙灯泵浦激光器及其控制方式 …………………………………… (59)

　　3.1.2　光纤激光器及其控制方式 ………………………………………… (61)

　　3.1.3　CO_2 激光器及其控制方式 ……………………………………… (63)

　　3.1.4　碟片激光器及其控制方式 ………………………………………… (67)

　3.2　氙灯泵浦激光器电源知识 ……………………………………………… (69)

　　3.2.1　氙灯泵浦激光器电源概述 ………………………………………… (69)

　　3.2.2　氙灯泵浦激光器电源工作过程 …………………………………… (72)

　3.3　光纤传导激光焊接机主机装调技能训练 ……………………………… (75)

3.3.1 线路连接工具 ……………………………………………………… (75)

3.3.2 器件导线连接知识 …………………………………………………… (81)

3.3.3 光纤传导激光焊接机技能训练概述 ………………………………… (85)

3.3.4 激光焊接机主机电控器件连接技能训练 …………………………… (87)

3.3.5 氙灯泵浦激光器装调技能训练 ……………………………………… (90)

4 激光焊接机光路系统装调知识与技能训练 ……………………………… (93)

4.1 激光焊接机光路系统装调知识 …………………………………………… (93)

4.1.1 光纤传导激光焊接机光路系统知识 ………………………………… (93)

4.1.2 光纤传导光路系统器件知识 ………………………………………… (95)

4.2 光纤传导激光焊接机光路系统装调技能训练 …………………………… (101)

4.2.1 光路传输系统装调技能训练 ………………………………………… (101)

4.2.2 光纤耦合装调技能训练 ……………………………………………… (103)

4.2.3 能量分光光路装调技能训练 ………………………………………… (105)

5 激光焊接机整机装调知识与技能训练 ………………………………… (108)

5.1 激光焊接机整机装调知识 ………………………………………………… (108)

5.1.1 焊接机主机控制面板功能案例分析 ………………………………… (108)

5.1.2 焊接机工作台运动控制功能案例分析 ……………………………… (111)

5.1.3 焊接机主机外部通信端口功能案例分析 …………………………… (113)

5.1.4 整机质检知识 ………………………………………………………… (120)

5.2 激光焊接机整机装调技能训练 …………………………………………… (128)

5.2.1 整机装调技能训练 …………………………………………………… (128)

5.2.2 工作台装调技能训练 ………………………………………………… (130)

5.2.3 激光焊接机整机质检技能训练 ……………………………………… (137)

5.3 激光焊接机整机维护保养知识 …………………………………………… (138)

5.3.1 激光焊接机维护保养知识 …………………………………………… (138)

5.3.2 激光焊接机常见故障及排除方法 …………………………………… (142)

附录 激光焊接机装调作业指导书 ……………………………………… (144)

参考文献 …………………………………………………………………… (171)

1

激光制造设备基础知识

1.1 激 光 概 述

1.1.1 激光的产生

1. 光的产生

1）物质的组成

世界上能看到的任何宏观物质都是由原子、分子、离子等微观粒子构成的。其中分子是原子通过共价键结合形成的，离子是原子通过离子键结合形成的。所以，归根结底，物质是由原子构成的，如图 1-1 所示。

2）原子的结构

原子是由居于原子中心的带正电的原子核和核外带负电的电子构成的，如图 1-2 所示。

根据量子理论，同一个原子内的电子在不连续的轨道上运行，并且电子可以在不同的轨道上运动。

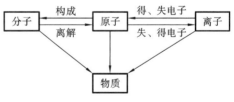

图 1-1 物质的组成

如图 1-3 所示的玻尔的原子模型，电子有 $n=1$、$n=2$、$n=3$ 三条轨道，原子对应的不同轨道有三个不同的能级。

当 $n=1$ 时，电子与原子核之间距离最小，原子处于低能级的稳定状态，又称基态。

当 $n>1$ 时，电子与原子核之间距离变大，原子跃迁到高能级的非稳定状态，又称激发态。

3）原子的发光

激发态的原子不会长时间停留在高能级上，它会自发地向低能级基态跃迁并释放出多余的能量。

如果原子是以光子的形式释放能量的，这种跃迁称为自发辐射跃迁，此时宏观上就会看到物质正在以特定频率发光，其频率由发生跃迁的两个能级的能量差决定：

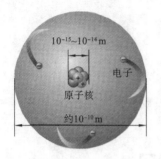

图 1-2　原子的结构

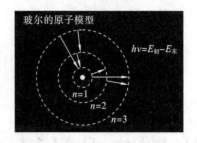

图 1-3　玻尔的原子模型

$$\nu = (E_2 - E_1)/h \tag{1-1}$$

式中：h 为普朗克常数（6.626×10^{-34} J·s）；ν 为光的频率（单位为 s^{-1}）。

自发辐射跃迁是除激光以外所有其他光源的发光方式，它是随机跃迁过程，发出的光在相位、偏振态和传播方向上都彼此无关。

由此可以看出，物质发光的本质是物质的原子、分子或离子处于较高的激发状态时，从较高能级向低能级跃迁，并自发地把过多的能量以光子的形式发射出来的结果，如图 1-4 所示。

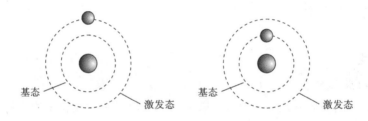

图 1-4　物质发光的本质

2. 光的特性

1）波粒二象性

光是频率极高的电磁波，具有物理概念中波和粒子的一般特性，即具有波粒二象性。光的波动性和粒子性是光在不同条件下表现出来的两个特性。

电磁波主要有以下四个方面的特性。

（1）电磁波谱。把电磁波按波长或频率的次序排列成谱，即为电磁波谱（见图 1-5）。

（2）可见光谱。可见光是一种能引起视觉的电磁波，其波长范围为 $380 \sim 780$ nm，频率范围为 $(3.9 \sim 7.5) \times 10^{14}$ Hz。

（3）光视效率。人眼对不同波长的可见光的光敏感觉是不同的。可以用光视效率 $V(\lambda)$ 来表示人眼对各种波长的光的相对灵敏度（视觉灵敏度）。

国际照明委员会（CIE）对不同波长单色光的人眼灵敏度进行了统计。在明视觉 $V(\lambda)$ 条件下，人眼对波长为 555 nm 的绿光最敏感，在暗视觉 $V'(\lambda)$ 条件下，人眼对波长为 507 nm 的绿光最敏感，如图 1-6 所示。

（4）光在不同介质中传播时，频率不变，波长和传播速度会变化。

$$u = \frac{c}{n} \tag{1-2}$$

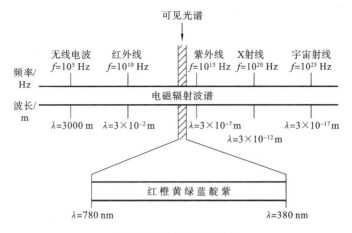

图 1-5 电磁波谱示意图

$$\lambda = \frac{\lambda_0}{n} \qquad (1-3)$$

式中：u 为光在不同介质中的传播速度；c 为光在真空中的传播速度；λ 为光在不同介质中的波长；λ_0 为光在真空中的波长；n 为光在不同介质中的折射率。

2）光的波动性体现

光在传播过程中主要表现出光的波动性，可以通过光的直线传播定律、反射定律、折射定律、独立传播定律、光路可逆原理等证明光在传播过程中会表现出波动性。

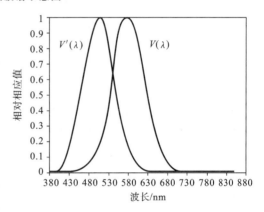

图 1-6 光视效率示意图

光在低频或长波区的波动性比较显著，利用电磁振荡耦合检测方法可以得到输入信号的振幅和相位。

3）光的粒子性体现

光在与物质相互作用过程中主要表现出光的粒子性。

光的粒子性就是说光是以光速运动着的粒子（光子）流，一束频率为 ν 的光由能量相同的光子所组成，每个光子的能量为

$$E = h\nu \qquad (1-4)$$

式中：h 为普朗克常数（6.626×10^{-34} J·s）；ν 为光的频率（单位为 s^{-1}）。

由此可知，光的频率越高（即波长越短），光子的能量越大。

光在高频或短波区表现出了极强的粒子性，无需通过相位关系，利用它与其他物质的相互作用就可以得到粒子流的强度。

3. 激光的产生

1）受激辐射发光——激光产生的先决条件

处在高能级 E_2 上的粒子，由于受到能量为 $h\nu = E_2 - E_1$ 的外来光子的诱发而跃迁到低

能级 E_1，并发射出一个频率为 $\nu=(E_2-E_1)/h$ 的光子的跃迁过程称为受激辐射过程，如图 1-7(a)所示。

受激辐射过程发出的光子与入射光子的频率、相位、偏振方向以及传播方向均相同，且此时有两倍的同样的光子发出，光被放大了一倍，这是激光产生的先决条件。

受激辐射存在逆过程——受激吸收过程，如图 1-7(b)所示。受激辐射通过复制产生光子，受激吸收通过吸收消耗光子，激光产生的实际过程要看哪种作用更强。

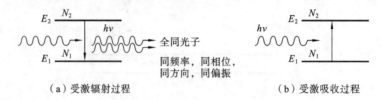

（a）受激辐射过程　　　　　　　　（b）受激吸收过程

图 1-7　受激辐射与受激吸收过程

2) 粒子数反转分布——激光产生的必要条件

(1) 玻耳兹曼定律。热平衡状态下，大量原子组成的系统的粒子数的分布服从玻耳兹曼定律，低能级上的粒子数多于高能级上的粒子数，如图 1-8(a)所示，此时受激辐射＜受激吸收。

为了使受激辐射占优势从而产生光放大，就必须使高能级上的粒子数密度大于低能级上的粒子数密度，即 $N_2>N_1$，此状态称为粒子数反转分布，如图 1-8(b)所示。

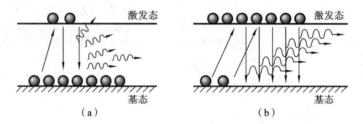

（a）　　　　　　　　　　　　（b）

图 1-8　玻耳兹曼定律与粒子数反转状态

实现粒子数反转是激光产生的必要条件。

(2) 实现粒子数反转分布。通过改变激光器的激光工作物质的内部结构和外部工作条件来实现持续的粒子数反转分布。

① 给激光工作物质注入外加能量。如果给激光工作物质注入外加能量，打破工作物质的热平衡状态，持续地把工作物质的活性粒子从基态能级激发到高能级，就可能在某两个能级之间实现粒子数反转，如图 1-9 所示。

图 1-9　粒子数反转的外部条件

注入外加能量的方法在激光的产生过程中称为激励，也称泵浦。常见的激励方式有光激励、电激励、化学激励等。

　　光激励通常是用灯(脉冲氙灯、连续氪灯、碘钨灯等)或激光器作为泵浦光源照射激光工作物质,这种激励方式主要为固体激光器所采用,如图 1-10 所示。

　　电激励是采用气体放电方法使具有一定动能的自由电子与气体粒子相碰撞,把气体粒子激发到高能级,这种激励方式主要为气体激光器所采用,如图 1-11 所示。

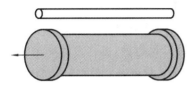

图 1-10　光激励示意图

图 1-11　电激励示意图

　　化学激励则是通过化学反应产生一种处于激发态的原子或分子,这种激励方式主要为化学激光器所采用。

　　② 改善激光工作物质的能级结构。在实际应用中能够实现粒子数反转的工作物质主要有三能级系统和四能级系统两类。

　　三能级系统如图 1-12(a)所示,粒子从基态 E_1 首先被激发到能级 E_3,粒子在能级 E_3 上是不稳定的,其寿命很短(约 10^{-8} s),很快其通过无辐射跃迁到达能级 E_2 上。能级 E_2 是亚稳态,粒子在 E_2 上的寿命较长($10^{-3} \sim 1$ s),因而在 E_2 上可以积聚足够多的粒子,这样就可以在亚稳态和基态之间实现粒子数反转。

　　此时若有频率为 $\nu = (E_2 - E_1)/h$ 的外来光子的激励,将诱发 E_2 上粒子的受激辐射,并使同样频率的光得到放大。红宝石就是具有这种三能级系统的典型工作物质。

　　三能级系统中,由于激光的下能级是基态,为了达到粒子数反转,必须把半数以上的基态粒子泵浦到上能级,因此需要很高的泵浦功率。

　　四能级系统如图 1-12(b)所示,它与三能级系统的区别是在亚稳态 E_2 与基态 E_0 之间还有一个高于基态的能级 E_1。由于能级 E_1 基本上是空的,这样 E_2 与 E_1 之间就比较容易

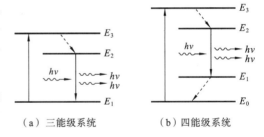

（a）三能级系统　　　（b）四能级系统

图 1-12　三能级系统和四能级系统

实现粒子数反转,所以四能级系统的效率一般比三能级系统的高。

　　以钕离子为工作粒子的固体物质,如钕玻璃、掺钕钇铝石榴石晶体,以及大多数气体激光工作物质都具有这种四能级系统的能级结构。

　　三能级系统和四能级系统能级结构的特点是都有一个亚稳态能级,这是工作物质实现粒子数反转必要的条件。

　　3) 光学谐振腔——激光持续产生的源泉

　　(1) 谐振腔功能。虽然工作物质实现了粒子数反转就可以产生相同频率、相位和偏振的光子,但此时光子的数目很少且传播方向不一。

　　如果在工作物质的两端面加上一对反射镜,或在两端面镀上反射膜,使光子可来回通过工作物质,光子的数目就会像滚雪球似地越滚越多,形成一束很强且持续的激光输出。

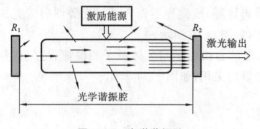

图 1-13　光学谐振腔

把上述由两个或两个以上光学反射镜组成的器件称为光学谐振腔,如图 1-13 所示。

(2) 谐振腔结构。两块反射镜置于激光工作物质的两端,反射镜之间的距离为腔长。其中反射镜 R_1 的反射率接近 100%,称为全反射镜,也称为高反镜;反射镜 R_2 可部分反射激光,称为部分反射镜,也称为低反镜(半反镜)。

全反射镜和部分反射镜不断引起激光器谐振腔内的受激振荡,并允许激光从部分反射镜的一端输出,所以部分反射镜又称为激光器窗口。

在谐振腔内,只有沿轴线附近传播的光才能被来回反射形成激光,而离轴光束经几次来回反射就会从反射镜边缘逸出腔外,所以激光光束具有很好的方向性。

4) 阈值条件——激光输出对器件的总要求

有了稳定的光学谐振腔和能实现粒子数反转的工作物质,还不一定能产生激光输出。

工作物质在光学谐振腔内虽然能够产生光放大,但在谐振腔内还存在着许多光的损耗因素,如反射镜的吸收、透射和衍射,以及工作物质不均匀造成的光线折射和散射等。如果各种光损耗抵消了光的放大过程,也不可能有激光输出。

用阈值来表示光在谐振腔中每经过一次往返后光强改变的趋势。

若阈值小于 1,就意味着往返一次后光强减弱。来回反射多次后,它将变得越来越弱,因而不可能建立激光振荡。因此,实现激光振荡并输出激光,除了要具备合适的工作物质和稳定的光学谐振腔外,还必须减少损耗,才能达到产生激光的阈值条件。

5) 产生激光的充要条件

(1) 有含亚稳态能级的工作物质。

(2) 有合适的泵浦源,使工作物质中的粒子被抽运到亚稳态并实现粒子数的反转分布,以使受激辐射光放大。

(3) 有光学谐振腔,使光往返反射并获得增强,从而输出高定向、高强度的激光。

(4) 满足激光产生的阈值条件。

综上所述,激光的产生就是受激辐射的光放大效应可以顺利进行的过程。

1.1.2　激光的特性

1. 激光的方向性

1) 光束方向性指标——发散角 θ

激光光束发散角 θ 是衡量光束从其中心向外发散程度的指标,如图 1-14 所示。通常把发散角的大小作为描述光束方向性的定量指标。

2) 激光光束的发散角 θ

普通光源向四面八方发散,发散角 θ 很大。例如,点光源的发散角约为 4π rad。

激光光束基本上可以认为是沿轴向传播的,其发散角 θ 很小。例如,氦氖激光器的发散

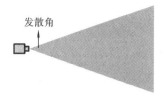
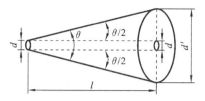

图 1-14　光束的发散角

角约为 10^{-3} rad。

对比一下可以发现,激光光束的发散角 θ 不到普通光源的万分之一。

使用激光照射距离地球约 38 万千米远的月球,激光在月球表面的光斑的直径长不到 2 km。若使用看似平行的探照灯光柱射向月球,其对应的光斑将覆盖整个月球。

2. 激光的单色性

1) 光束单色性指标——谱线宽度 $\Delta\lambda$

光束的颜色由光的波长(或频率)决定,把具有单一波长(或频率)的光称为单色光,将发射单色光的光源称为单色光源,比如氪灯、氦灯、氖灯、氢灯等。

真正意义上的单色光源是不存在的,它们的波长(或频率)总会有一定的分布范围,如氪灯的红光的单色性很好,其谱线宽度范围仍有 0.00001 nm,包含有几十种红色。

将波长(或频率)的变动范围称为谱线宽度,用 $\Delta\lambda$ 表示,如图 1-15 所示。通常把光源的谱线宽度作为描述光束单色性的定量指标,谱线宽度越小,光源的单色性越好。

2) 激光光束的谱线宽度

普通光源中,单色性最好的是氪灯,其发射波长为 605.8 nm,谱线宽度为 4.7×10^{-4} nm。

波长为 632.8 nm 的氦氖激光器产生的激光谱线宽度小于 10^{-8} nm,其单色性比氪灯好 10^5 倍。

由此可见,激光光束的单色性远远超过任何一种单色光源。

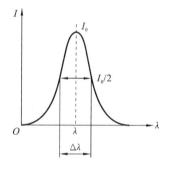

图 1-15　光束的谱线宽度

3. 激光的相干性

1) 光束相干性指标——相干长度 L

两束频率相同、振动方向相同、有恒定相位差的光称为相干光。

光的相干性可以用相干长度 L 来表示,相干长度 L 与光的谱线宽度 $\Delta\lambda$ 有关,谱线宽度 $\Delta\lambda$ 越小,相干长度 L 越长。

2) 激光光束的相干长度

普通单色光源(如氪灯、纳光灯等)的谱线宽度在 $10^{-3} \sim 10^{-2}$ nm 范围内,相干长度在 1 毫米到几十厘米的范围内。

氦氖激光器的谱线宽度小于 10^{-8} nm,其相干长度可达几十千米。

由此可见,激光光束的相干性也远远超过任何一种单色光源。

4. 激光的高亮度

1) 光束亮度指标——光功率密度

光束亮度是指光源在单位面积上向某一方向的单位立体角内发射的功率,即光束亮度

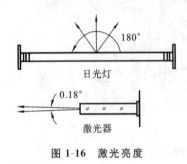

图1-16 激光亮度

＝光功率/光斑面积，其单位为 W/cm^2。由此可以看出，光束亮度实际上是光功率密度的另外一种表述形式。

2）激光光束的光斑面积小

虽然激光光束总的输出功率不大，但由于光束发散角小，其亮度很高。例如，发散角从180°缩小到0.18°，亮度就可以提高约100万倍，如图1-16所示。

3）激光器的高功率

对于脉冲激光器，功率密度还应区分为平均功率密度和峰值功率密度。

$$平均功率密度＝平均功率（功率计测得的功率）/光斑面积$$
$$峰值功率密度＝平均功率×单位时间/重复频率/脉宽/光斑面积$$

4）通过调Q技术压缩脉宽

有结果显示，脉冲激光器的光谱亮度可以比白炽灯的大 $2×10^{20}$ 倍。

1.2 激光制造概述

1.2.1 激光制造技术领域

激光制造技术按激光光束对加工对象的影响尺寸范围可以分为以下三个领域。

1. 激光宏观制造技术

1）定义

激光宏观制造技术一般指激光光束对加工对象的尺寸影响范围在几个毫米到几十毫米之间的加工工艺过程。

2）主要工艺方法

激光宏观制造技术包括激光表面工程（包括激光表面处理、激光淬火、激光喷涂、激光蒸气沉积，以及激光冲击硬化等，激光打标也可以归为激光表面工程）、激光焊接、激光切割、激光增材制造等主要工艺方法。

2. 激光微加工技术

1）定义

激光微加工技术一般指激光光束对加工对象的尺寸影响范围在几个微米到几百微米之间的加工工艺过程。

2）主要工艺方法

激光微加工技术包括激光精密切割、激光精密钻孔、激光烧蚀和激光清洗等主要工艺方法。

3. 激光微纳制造技术

1）定义

激光微纳制造技术一般指激光光束对加工对象的影响范围和尺寸大小在亚微米到纳米之间的加工工艺过程。

2）主要工艺方法

激光微纳制造技术包括飞秒激光直写、双光子聚合、干涉光刻、激光诱导表面纳米结构等主要工艺方法。

纳米尺度材料具有现有宏观尺度材料所不具备的一系列优异性能,制备纳米材料有许多途径,其中超快激光微纳制造成为通过激光手段制备纳米结构材料的热门方向。

超快激光一般是指脉冲宽度短于 10 ps 的皮秒和飞秒激光,超快激光的脉冲宽度极窄、能量密度极高、与材料作用的时间极短,会产生与常规激光加工完全不同的机理,能够实现亚微米与纳米级制造、超高精度制造和全材料制造。

激光增材制造和超快激光微纳制造是激光制造技术领域中当前和今后一段时间内的两个热点,它们已经被列入"增材制造与激光制造"国家重点研发计划。

1.2.2　激光制造的分类与特点

1. 激光制造的分类

激光具有单色性好、相干性好、方向性好、亮度高的四大特性,俗称"三好一高"。

激光宏观制造技术可以分为激光常规制造和激光增材制造两个大类,激光宏观制造技术主要利用了激光的亮度高和方向性好两个特点。

1）激光常规制造

（1）基本原理。激光常规制造的基本原理是把具有足够亮度的激光光束聚焦后照射到被加工材料上的指定部位,被加工材料在接受不同参量的激光照射后可以发生气化、熔化、金相组织以及内部应力变化等现象,从而达到工件材料去除、连接、改性和分离等不同的加工目的。

（2）主要工艺方法。激光常规制造的主要工艺方法如图 1-17 所示,包括激光表面工程（包括激光表面处理、激光淬火、激光喷涂、激光蒸气沉积,以及激光冲击硬化等,激光打标也可以归为激光表面工程）、激光焊接、激光切割等主要工艺方法。

2）激光增材制造

激光增材制造技术是一种以激光为能量源的增材制造技术,按照成型原理可以分为激光选区熔化技术和激光金属直接成型技术两大类。

（1）激光选区熔化技术。

① 工作原理。激光选区熔化技术是利用高能量的激光光束,按照预定的扫描路径,扫描预先在粉床铺覆好的金属粉末并将其完全熔化,再经冷却凝固后成型工件的一种技术,其工作原理如图 1-18 所示。

② 技术特点。

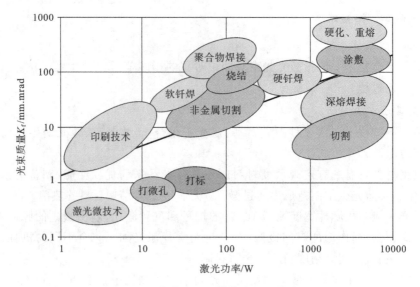

图 1-17　激光常规制造的主要工艺方法

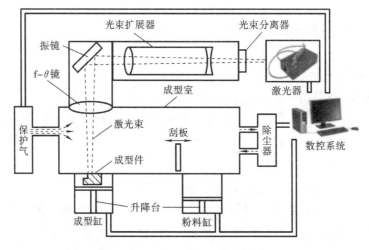

图 1-18　激光选区熔化技术工作原理

● 成型原料一般为金属粉末,主要包括不锈钢、镍基高温合金、钛合金、钴铬合金、高强铝合金以及贵重金属等。

● 采用细微聚焦光斑的激光光束成型金属零件,成型的零件精度较高,表面稍经打磨、喷砂等简单处理后即可达到使用精度的要求。

● 成型零件的力学性能良好,一般拉伸性能可超铸件,达到锻件水平。

● 进给速度较慢,导致成型效率较低,零件尺寸会受到铺粉工作箱的限制,不适合制造大型的整体零件。

(2)激光金属直接成型技术。

① 工作原理。激光金属直接成型技术是利用快速原型制造的基本原理,以金属粉末为原材料,采用高能量的激光作为能量源,按照预定的加工路径,将同步送给的金属粉末进行

逐层熔化、快速凝固和逐层沉积,从而实现金属零件的直接制造。

激光金属直接成型系统的工作平台包括激光器、CNC 数控工作台、同轴送粉喷嘴、高精度可调送粉器及其他辅助装置,其工作原理如图 1-19 所示。

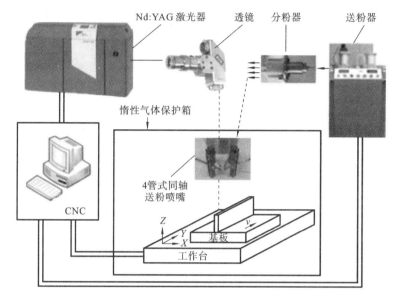

图 1-19 激光金属直接成型系统工作平台

② 技术特点。

● 无需模具即可实现复杂结构的制造,但悬臂结构处需要添加相应的支撑结构。

● 成型尺寸不受限制,可实现大尺寸零件的制造。

● 可实现不同材料的混合加工与梯度材料的制造。

● 可对损伤零件实现快速修复。

● 成型组织均匀、具有良好的力学性能,可实现定向组织的制造。

2. 激光制造的特点

1)一光多用

在同一台激光焊接机上,使用同一个激光源,通过改变激光源的控制方式就能分别实现对同种材料的切割、打孔、焊接、表面处理等多种加工,既可以实现分步加工,又可以实现几个工位同时加工。

图 1-20 所示的是一台四光纤传输灯泵浦激光焊接机的光路系统示意图,灯泵浦激光器发出的单光束激光经过 45°反射镜 1 反射后再分别经过 45°反射镜 2、3、4、5 被分为四束激光光束,四束激光光束通过耦合透镜耦合,并进入光纤进行传输,再通过准直透镜被准直为平行光作用于工件上,这样就实现了对四束激光同时进行加工,大大提高了加工效率。

2)一光好用

(1)在短时间内完成非接触柔性加工,可使工件无机械变形、极小热变形,且后续加工量小,被加工材料的损耗也很小。

(2)利用导光系统可将光束聚集到工件的内表面或倾斜表面上进行加工,也可穿过透光

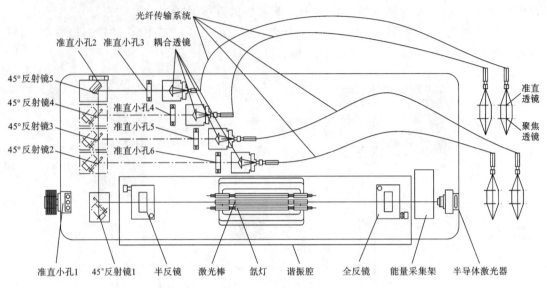

图 1-20　四光纤传输灯泵浦激光焊接机光路系统

物质(如石英、玻璃)对其内部零部件进行加工。

(3)激光光束易于实现对各种光学变换导向、聚焦等,易于对复杂工件进行自动化加工。

(4)通过使用精密工作台、视觉捕捉系统等装置,对被加工表面的状况能进行监控,从而实现精细微加工。

3)多光广用

(1)可对绝大多数金属、非金属材料和复合材料进行加工,既可以加工高强度、高硬度、高脆性及高熔点的材料,也可以加工各种软性材料和多层复合材料。

(2)既可在大气中加工,又可在真空中加工。

(3)可实现光化学加工,如准分子激光的光子能量高达 7.9 eV,其能够光解许多分子的键能,以引发或控制光化学反应,例如实现准分子膜层的淀积和去除。

激光制造虽有上述特点,但必须按照加工工件的特性选择合适的激光器,以对照射能量密度和照射时间实现最佳控制。如果激光器、能量密度和照射时间选择不当,那么加工效果会不理想。

1.3　激光加工设备

1.3.1　激光加工设备及其分类

1. 激光加工设备基础知识

1)关于机械的几个基本概念

(1)机械。根据 GB/T 18490—2001 中的定义,机械又称为机器,其由若干个零件、部件组合而成,其中至少有一个零件是可运动的,并且有适当的机械致动机构、控制和动力系统等。它们的组合具有一定的应用目的,如物料的加工、处理、搬运或包装等。

(2)功能系统。功能系统是按功能分类的同类部件的组合,其由若干要素(部分)组成。这些要素可能是一些个体、元件、零件,也可能就是一个系统(或称为子系统),如运算器、控制器、存储器、输入/输出设备组成了控制系统的硬件部分,而硬件部分又是控制系统的一个子系统。

(3)部件。部件是用于实现某个动作(功能)的零件的组合。部件可以是一个零件,也可以是多个零件的组合体。在这个组合体中,有一个零件是主要的,它用于实现既定的动作(功能),而其他的零件只起到连接、紧固、导向等辅助作用。

(4)零件。零件指组成机器的不可分拆的单个制件,其制造过程一般不需要装配工序。零件是机器制造过程中的基本单元。

2)关于机械的几个扩展概念

(1)零部件。通常把除机架以外的所有零件和部件,统称为零部件。把机架称为构件,当然构件也是部件的一部分。

把不同零部件组合在一起的过程俗称零部件安装。

(2)元器件。在涉及电子电路、光学、钟表设备的一些场合,某些零件(如电阻、电容、反射镜、聚焦镜、游丝、发条等)称为"元件",某些部件(如三极管、二极管、可控硅、扩束镜等)称为"器件",合起来称元器件。

把不同元器件组合在一起的过程俗称元器件连接。

由于激光加工机械集激光器、光学元件、计算机控制系统和精密机械部件于一体,因此零部件、元器件和构件等称呼就同时存在。

同理,激光加工机械的生产制造过程主要包含零部件安装和元器件连接两个过程,如后面要讲到的光路系统部件的安装过程和主要器件的连接过程。

2. 激光加工设备组成知识

1)定义

根据 GB/T 18490—2001 中的定义,激光加工机械是指包含有一台或多台激光器,能提供足够的能量/功率使至少一部分工件熔化、气化或者引起相变的机械(机器),并且在使用时具有功能上和安全上的完备性。

根据以上定义和机械组成的基本概念,一台完整的激光加工设备由激光器系统、激光导光及聚焦系统、运动系统、冷却与辅助系统、控制系统、传感与检测系统六个大的功能系统组成,其核心为激光器系统。

根据功能要求不同,激光加工设备通常并不需要配置以上所有的功能系统,如下面将要讲到的激光打标机。

2)系统组成分析实例

图 1-21 所示的是某台机架式射频 CO_2 激光打标机总体结构图。

从外观上看,该射频 CO_2 激光打标机主要由电源箱、机柜、主控箱、工控机、显示器、机架、激光器、打标头、冷水机、工作台这几大部件和器件组成。

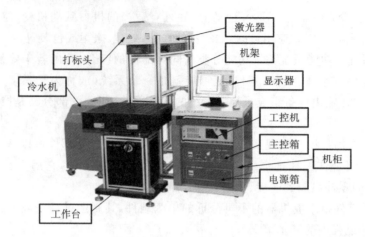

图 1-21　机架式射频 CO_2 激光打标机总体结构

按照激光加工设备的功能定义,电源箱和激光器构成了设备的激光器系统,主控箱、工控机、显示器构成了设备的控制系统,打标头构成了设备的导光及聚焦系统,工作台构成了设备的运动系统,机柜、冷水机构成了设备的冷却与辅助系统。由此看出,该台射频 CO_2 激光打标机没有传感与检测系统,但这并不影响其使用。

3. 激光加工设备分类知识

激光加工设备可以按不同的目的和要求来进行设备分类。

1)按激光输出方式分类

按激光的输出方式分类,激光加工设备可以分为连续激光加工设备和脉冲激光加工设备。

(1)连续激光加工设备。连续激光加工设备的特点是工作物质的激励和相应的激光输出可以在一段较长的时间范围内持续进行,连续光源激励的固体激光器和连续电激励的气体激光器及半导体激光器均属此类,如光纤激光切割机和 CO_2 气体激光切割机。

激光器连续运转过程中,器件会产生过热效应,需采取适当的冷却措施。

(2)脉冲激光加工设备。脉冲激光加工设备可以分为单次脉冲激光加工设备和重复脉冲激光加工设备。

① 单次脉冲激光加工设备。单次脉冲激光加工设备的激光器的工作物质激励和激光发射从时间上来说是一个单次脉冲过程。某些固体激光器、液体激光器及气体激光器均可以采用此方式运转,此时器件的热效应可以忽略,所以某些设备可以不采取冷却措施。

典型的单次脉冲激光加工设备有激光打孔机、珠宝首饰焊接机等。

② 重复脉冲激光加工设备。重复脉冲激光加工设备的激光器输出一系列的重复激光脉冲,激光器可相应地以重复脉冲的方式激励或以连续方式激励,以一定方式调制激光振荡过程获得重复脉冲激光输出,此时通常要求对器件采取有效的冷却措施。

重复脉冲激光加工设备种类很多,典型的重复脉冲激光加工设备有固体激光焊接机、气体打标机和固体打标机等。

2）按激光器类型分类

按激光器类型分类,激光加工设备可以分为固体激光加工设备和气体激光加工设备。

固体激光加工设备的激光打标机有灯泵浦(YAG)激光打标机、半导体侧面泵浦(DP)激光打标机、半导体端面泵浦(EP)激光打标机、光纤打标机等。

气体激光加工设备的激光打标机有灯泵浦射频 CO_2 打标机、准分子打标机等。

3）按加工功能分类

按加工功能分类,激光加工设备可以分为激光宏观加工设备、激光微加工设备、激光微纳制造设备三大类。

目前,激光宏观加工设备仍然是激光加工设备的主流,包括激光表面工程(包括激光表面处理、激光淬火、激光喷涂、激光蒸气沉积以及激光冲击硬化等,激光打标可以归在激光表面处理内)、激光焊接、激光切割等主要工艺方法。与之相对应,工业激光加工系统有激光热处理机、激光切割机、激光雕刻机、激光标记机、激光焊接机、激光打孔机和激光划线机等上百种类型。

4）按输出激光的波长范围分类

按输出激光的波长范围,可将激光器区分为以下几种。

(1)远红外激光器。远红外激光器指输出激光波长范围处于远红外光谱区($25\sim1000$ μm)的激光器。NH_3 分子远红外激光器(281 μm)、长波段自由电子激光器是其典型代表。

(2)中红外激光器。中红外激光器指输出激光波长范围处于中红外光谱区($2.5\sim25$ μm)的激光器。CO分子气体激光器(10.6 μm)、CO分子气体激光器($5\sim6$ μm)是其典型代表。

(3)近红外激光器。近红外激光器指输出激光波长范围处于近红外光谱区($0.75\sim2.5$ μm)的激光器。掺钕固体激光器(1.06 μm)、CaAs半导体二极管激光器(约 0.8 μm)是其典型代表。

(4)可见光激光器。可见光激光器指输出激光波长范围处可见光光谱区($0.4\sim0.7$ μm)的激光器。红宝石激光器(6943 Å)、氦氖激光器(6328 Å)、氩离子激光器(4880 Å,5145 Å)、氪离子激光器(4762 Å,5208 Å,5682 Å,6471 Å)以及某些可调谐染料激光器等是其典型代表。

(5)近紫外激光器。近紫外激光器指输出激光波长范围处于近紫外光谱区($0.2\sim0.4$ μm)的激光器。氮分子激光器(3371 Å)、氟化氙准分子激光器(3511 Å,3531 Å)、氟化氪准分子激光器(2490 Å)以及某些可调谐染料激光器等是其典型代表。

(6)真空紫外激光器。真空紫外激光器指输出激光波长范围处于真空紫外光谱区($50\sim2000$ Å)的激光器。氢分子激光器($1098\sim1644$ Å)、氙准分子激光器(1730 Å)等是其典型代表。

(7)X射线激光器。X射线激光器指输出激光波长范围处于X射线谱区($0.01\sim50$ Å)的激光器。目前仍处于探索阶段。

5）按激光传输方式分类

按激光传输方式分类,激光加工设备可以分为硬光路激光加工设备和软光路激光加工设备。

硬光路是指激光器产生的激光通过各类镜片传输并作用在工件上,适用于各类对峰值功率要求较高的加工设备,但由于该光路是固定的,结构比较笨重,光路控制不灵活,不利于工装夹具的放置。

软光路是指激光器产生的激光通过光纤作为传输介质作用在工件上,光纤传输的光斑功率密度均匀,输出端体积小,适用于各类自动线生产中,但传输的功率较小。

1.3.2 激光加工设备系统组成

1. 激光器系统

1)激光器系统的组成

激光器系统是包括激光器及其配套器件的总称,主要的配套器件有激光电源和其相应的控制板卡,图1-22所示的是一台CO_2激光器系统的内部结构图,可以看到,除了激光器本身以外,里面还有射频电源和真空泵等配套器件。

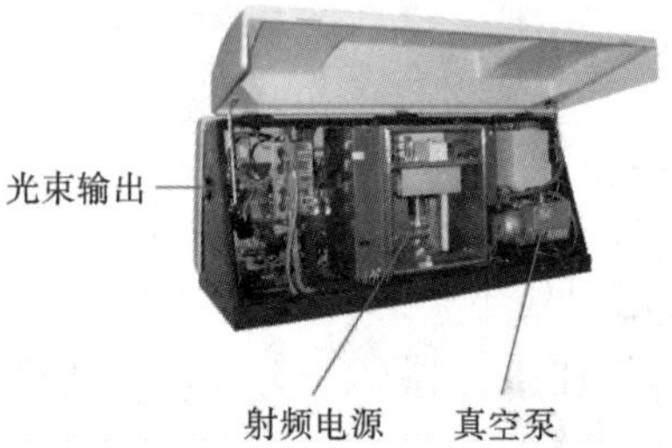

激光加工设备对激光器的要求是激光器的输出功率高、光电转换效率高、光束质量好、体积小。追求高光束质量下的高功率是工业激光器发展的主要目标。

光束输出——

射频电源   真空泵

图 1-22 CO_2激光器系统的内部结构

2)激光光束质量与判断方法

激光器系统产生的激光光束的质量直接影响着激光加工设备的使用效果。

在理论上,激光光束质量可以通过激光光束远场发散角 θ、激光光束聚焦特征参数值 K_f、衍射极限倍因子 M^2、光束传输因子 K 值等参数来描述,参见与激光原理相关的教材。

在激光加工设备的现场装调中,技术人员多用相纸、热敏纸和倍频片等工具来判断激光光束质量的好坏,将在以后的技能训练环节介绍这些工具的实际使用方法。

2. 导光及聚焦系统

1)导光及聚焦系统的功能

在激光加工的过程中,导光及聚焦系统会根据加工条件、被加工件的形状以及加工要求,将不同的激光光束导向和聚焦在工件上,实现激光光束与工件的有效结合。

2)导光及聚焦系统的组成

图1-23所示的是某台激光加工设备的导光及聚焦系统示意图,从图中可以看出,导光及聚焦系统主要由不同类型的光学元器件组成,如反射镜、扩束镜、聚焦镜、物镜和保护镜等。

根据镜片的作用,光学元器件可以分为四大类。

(1)光束转折系统。光束转折系统由各类反射镜构成,可以用一个或多个反射镜来改变光束的传输方向。

当短时间、低功率使用时,不必对反射镜进行冷却,当长时间、高功率使用时,必须采用冷却措施对反射镜进行冷却。

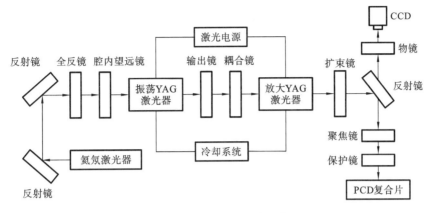

图 1-23 导光及聚焦系统示意图

（2）聚焦系统。聚焦系统由各类凸透镜、凹透镜构成，将激光光束聚焦为加工所需要的光斑直径，以提高激光功率密度，实现对激光工艺参数的调整。

（3）匀光系统。理论和实验研究均表明，能量分布均匀的激光光斑有助于使工件得到深度、硬度等均匀一致的加工效果。当激光器输出为基模或低阶模高斯激光光束时，必须采用一定的光学系统克服低阶模横截面上能量不均的缺点。

匀光系统用于形成能量均匀分布的光斑，其由分割叠加变换系统、积分镜系统和振镜系统等构成。

① 分割叠加变换系统。分割叠加变换系统将高斯光束平行分割为几个子系统，并沿着与分割线平行及垂直的方向分别进行放大，最后将子光束按一定的相对位置进行叠加，以获得横截面内能量分布较均匀的光斑。典型的分割叠加变换系统器件有扩束镜。

② 积分镜系统。积分镜系统是用按一定规律排列的反射镜或投射镜将强度不均匀的光束进行分割，并使反射光束或透射光束在其焦点上叠加，产生积分作用，从而获得均匀的光斑。典型的积分镜系统器件有 f-θ 场镜。

③ 振镜系统。振镜系统采用高频振荡的镜片，使光束沿与扫描方向垂直的方向高频振动，在加工过程中，产生一条均匀的、较宽的能量分布带。

（4）观测指示系统。

① 观测系统。观测系统用于实时观察加工情况，同时实时调整指示光的状态。

观测系统由高清 CCD 摄像机、监视器和监控软件组成。激光光束照射到工件表面上，可见光被加工表面反射并通过聚焦镜、反射镜、物镜进入 CCD 摄像机，操作者便可实时观察激光加工过程，实时调整设备的工作状态，保证加工质量。

② 指示系统。指示系统就是小功率的氦氖激光器（半导体激光器），又称红光指示器，主要是便于进行光路的调整和工件的对中。

3）导光及聚焦系统的评价指标

（1）评价目标。激光光束从激光腔传输到加工工件时，导光及聚焦系统所产生的功率损耗最小且光斑模式没有变形。

（2）镜片选择。导光及聚焦系统的镜片选择必须考虑以下两个重要的特性。

① 光束偏振质量。激光加工设备的导光及聚焦系统的各镜片需要一个特定的偏振,以保持最佳的加工性能。

② 光学传输效率。导光及聚焦系统的传输效率是选择镜片的一个重要考虑因素。

光束转折系统的光学传输效率为所有反射镜片的反射率的乘积。

比如,由四个反射镜片组成的系统,如果每个镜片的反射率是 99.6%,则总效率为 $(0.996)^4 \times 100\% \approx 98.4\%$。

3. 运动系统

1) 运动系统的功能

运动系统使工件与激光光束产生相对运动,形成连续的加工图案。运动系统通常以加工机床的形式出现,可以由专业机床生产厂家配套生产或自行制造。

2) 运动系统的组成

(1) 相对运动方式。

① 工件不动,激光器随工作台运动。

② 工件随工作台运动,激光器不动。

③ 激光器和工件都不动,激光光束通过反射镜等光学元件运动。

④ 组合运动,即工件运动和和激光光束运动组合使用。

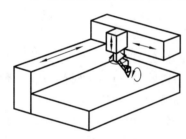

图 1-24 运动类型示意图

(2) 运动方向类型。运动系统按照能够实现的运动方向分类可以有下述几种,如图 1-24 所示。

① 两轴运动,如 X、Y 两轴运动。它可以实现二维运动,一般用于简单设备上。

② 三轴运动,如 X、Y、Z 三轴运动。在实际的设备上,Z 轴运动是为了控制聚焦系统,从而调整光斑大小。

③ 四轴运动,如在 X、Y、Z 三轴运动上再加上在 XY 平面 360° 旋转。四轴运动在很多场合是必需的,如在对空间螺纹的激光加工、对发动机气缸内壁进行激光热处理时,为了能在内壁上得到螺纹状硬化带,就必须实现四轴运动。

④ 五轴运动,如 X、Y、Z,在 XY 平面 360° 旋转和 XY 平面在 Z 方向上 180° 的摆动,以实现更加复杂的空间加工。

五轴以上的复杂运动一般通过机器人来实现。

4. 传感与检测系统

1) 传感与检测系统的功能

传感与检测系统监控并显示激光功率、光斑模式以及工件表面温度等参数。

2) 传感与检测系统的组成

(1) 检测信号的分类。

① 光信号。激光加工过程中的等离子体和焊接熔池光辐射变化产生光信号变化。

② 声音信号。激光加工过程中等离子体变化产生声振荡和声发射信号变化。

③ 等离子体信号。激光加工过程中等离子体变化产生的焊接喷嘴和工件表面之间的电

荷变化。

（2）传感器类型。

激光加工过程中可以检测到的信号由以下传感器获取，如图 1-25 所示。

① 光信号传感器。主要有光电二极管、CCD 摄像机、高速摄像机以及光谱分析仪等。

② 声学传感器。主要有声压传感器、超声波传感器及噪声学传感器等。

③ 电荷传感器。

3）典型的传感与检测系统实例

（1）激光光束能量（功率）负反馈系统。在激光加工设备中，目前普遍采用了激光光束能量（功率）负反馈系统，如图 1-26 所示。

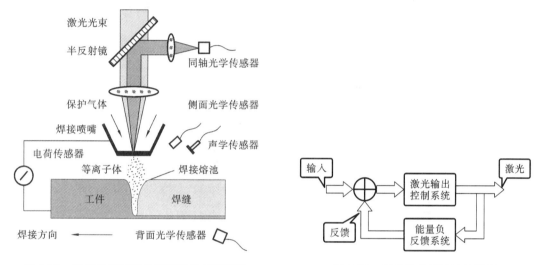

图 1-25　激光加工过程中检测信号与传感器　　　图 1-26　能量负反馈系统示意图

能量（功率）负反馈系统的工作原理是利用传感器来检测不同位置激光能量的大小，并将该信号实时反馈到控制端，与理论设定能量（功率）值进行比较，形成一个闭环控制系统，达到准确控制激光能量（功率）输出的目的。

（2）CCD 视觉捕捉系统。在激光加工设备中，目前普遍采用了 CCD 视觉捕捉系统，如图 1-27 所示的 CCD 激光焊接视觉捕捉系统。

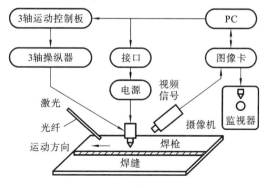

图 1-27　激光焊接视觉捕捉系统

  CCD 视觉捕捉系统在结构上有共轴安装和非共轴安装两种形式,既适合于光束固定式,也适合于振镜式激光加工设备,如图 1-28 所示。

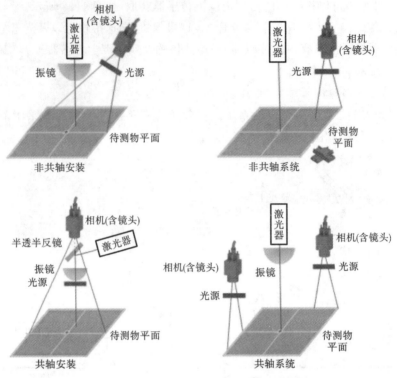

图 1-28 CCD 视觉捕捉系统的两种安装形式

  (3) 全光路能量(功率)传感与检测装置。在激光加工设备中,一般在激光器的全反镜端放置一个激光能量(功率)检测装置,将检测到的激光能量(功率)实时反馈到激光器电源控制端来控制激光器的输出能量(功率),进而提高激光器输出能量(功率)的稳定性,如图 1-29 中所示的激光功率输出检测 A 装置。

  这种方法的优点是控制方便、器件结构简单,缺点是激光器出光点到激光加工点(工件)之间的整个光路传输及聚焦系统,包括激光入射(耦合)单元、激光光纤及激光出射单元都不在激光输出能量(功率)的控制范围内,只能保证激光器输出能量(功率)的稳定性,无法保证激光加工点(工件)端的激光输出能量(功率)的稳定性。

  为了解决这一问题,可以在激光出射单元处再加一个激光输出功率检测 B 装置来检测激光输出功率信号,并将该信号实时反馈到电源控制端来控制泵浦灯电流的大小,进而控制激光加工点(工件)上激光输出的稳定性问题,如图 1-29 中所示的激光输出功率检测 B 装置。

  激光器端的激光输出功率检测 A 装置和加工点(工件)端的激光输出功率检测 B 装置一起组成全光路能量(功率)传感与检测装置,可以有效控制加工点(工件)上激光输出的稳定性问题。

  无论是激光器端的激光输出功率检测 A 装置,还是加工点(工件)端的激光输出功率检测 B 装置,都利用了激光光束能量(功率)负反馈的工作原理来检测不同位置处激光能量的大小,并将该信号实时反馈到控制端,与理论设定的能量进行比较,形成一个闭环控制系统,

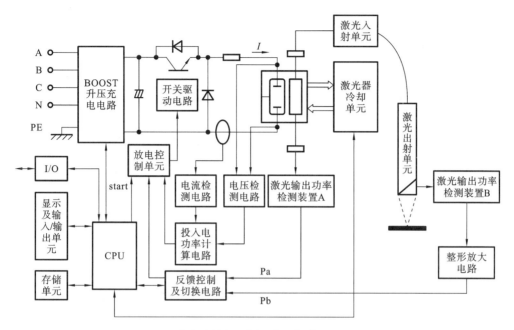

图 1-29　全光路能量(功率)传感与检测装置原理图

达到准确控制激光输出能量的目的。

5．控制系统

1）控制系统的功能

激光加工设备的控制系统的主要功能是输入加工工艺参数并对参数进行实时显示、控制，还要进行加工过程中各器件动作的互锁、保护以及报警等。

2）激光加工的主要工艺参数

根据激光器的类型和加工方式的不同，不同激光加工设备的工艺参数各不相同，甚至有很大的区别，主要有以下几种。

（1）激光功率。

（2）焦点位置。

（3）加工速度。

（4）辅助气体压力。

3）工艺参数的输入方式

（1）控制面板输入。较为简单的加工工艺参数的输入主要通过控制面板上的操作按钮来进行，如图 1-30 所示。

（2）专用软件输入。较为复杂的加工工艺参数的输入主要通过专用软件来实现，不同的加工设备和加工软件的界面各不相同，这里不做详细介绍，读者可以参考不同加工软件的说明书。

6．冷却与辅助系统

1）冷却与辅助系统的组成

激光加工设备的冷却与辅助系统主要包括以下几类装置。

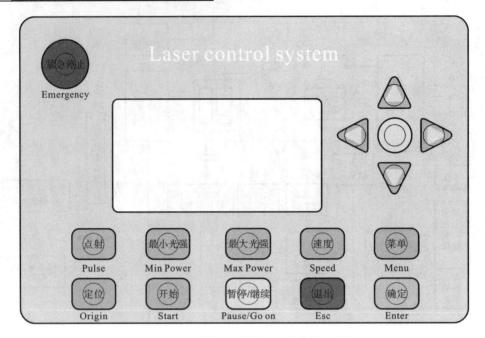

图 1-30 通过控制面板输入工艺参数示意图

（1）冷却装置。

（2）供气装置。

（3）除烟、除尘及排渣装置。

（4）保护装置。

2）激光加工设备的冷却装置

（1）冷却装置概述。激光加工设备的总的电光效率是比较低的，大部份或一部份电能将转换为热量，因此，所有激光加工设备都需要冷却装置来冷却各类元器件，避免元器件因温度过高而产生热变形，导致破坏光斑模式，降低加工质量，甚至损坏元器件，对人员造成伤害。

冷却装置主要有水冷和风冷两种方式，如图 1-31（a）所示的是典型的风冷激光器，图1-31（b）所示的是典型的水冷激光器。

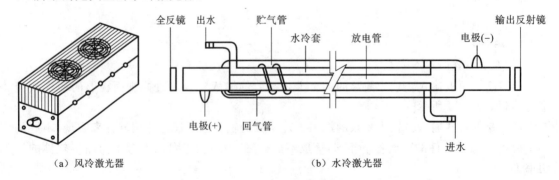

（a）风冷激光器　　　　　　　　　　　　（b）水冷激光器

图 1-31 冷却方式

（2）冷却装置的类型及工作原理。激光设备的水冷式冷却装置是通过冷水机组来实现的，冷水机组对激光设备的冷却可以采用集中制冷或单独制冷两种方式进行。

① 集中制冷系统。集中制冷系统适用于多台激光设备同时工作的场合。

集中制冷系统由专用冷水机、不锈钢保温水箱、恒压变频供水系统三大部分组成。专用冷水机可提供恒温、恒流、恒压的冷却水,不锈钢保温水箱保证冷却水有足够的流量,恒压变频供水系统保证冷却水的压力恒定,如图 1-32 所示。

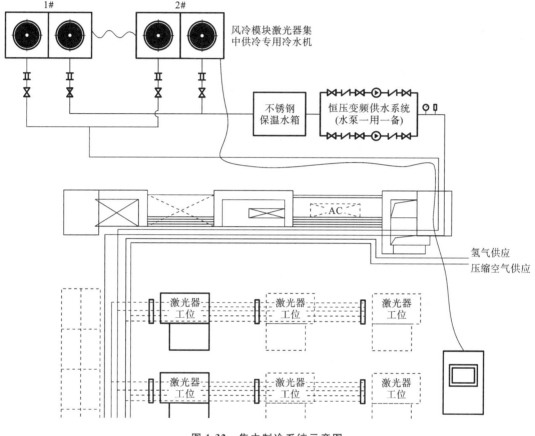

图 1-32　集中制冷系统示意图

② 单独制冷系统。单独制冷系统适用于单台激光设备工作的场合。

无论是单独制冷装置还是集中制冷装置,它的主要结构都是由冷水机组成的,一般对激光设备的冷却采用二次循环冷却的方式。

二次循环冷却方式包含内循环冷却水通道和外循环冷却水通道,两个通道互不相通,只是通过内外循环热交换器交换热量,如图 1-33 所示。

内循环冷却水通过内循环水箱、流量传感器、离子交换器、内外循环热交换器、内循环水泵和内通道完成对聚光腔、镜片和 Q 开关等器件的冷却,该过程中使用中性去离子蒸馏水。

外循环冷却水通过水箱、外循环水泵、流量传感器、内外循环热交换器和外通道完成对内循环冷却水的冷却,此过程中使用自来水。

制冷剂通过压缩机、热交换器、水箱、干燥过滤器和冷凝器完成对外循环冷却水的冷却。

简单来说,冷水机的工作过程就是制冷剂冷却外循环水、外循环水冷却内循环水、内循环水冷却器件的过程。

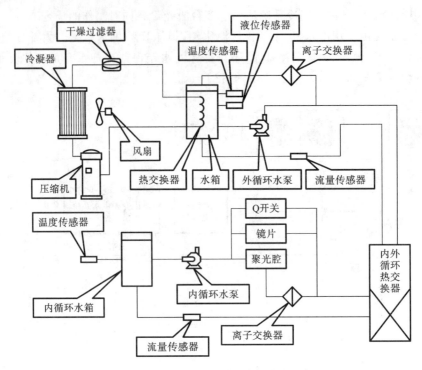

图 1-33　冷水机的二次循环冷却方式示意图

　　综上所述,冷水机内部由三个子系统组成,即制冷剂循环系统、冷却液循环系统、电气控制系统。其中制冷剂循环系统提供冷却源、冷却液循环系统冷却部件、电气控制系统保证机组按照规定的顺序动作。

　　冷水机工作时先向水箱注入一定量的水,通过制冷剂循环系统将水冷却,再由冷却液循环系统将符合水压要求、温度相对较低的冷却水送入需冷却的激光设备的各器件,并把热量带走。冷冻水将热量带走后温度升高,再回流到水箱,达到器件冷却的作用。

　　(3) 制冷剂循环系统的主要器件与工作过程。

　　① 压缩机。压缩机吸入已经气化冷却的介质,并将其压缩成高温、高压气体排入冷凝器,如图 1-34(a)所示。

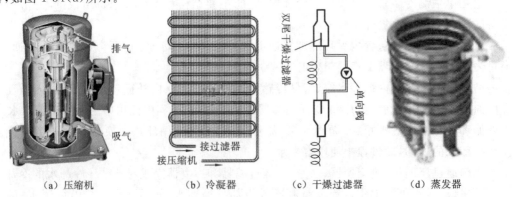

(a) 压缩机　　　　　(b) 冷凝器　　　　(c) 干燥过滤器　　　　(d) 蒸发器

图 1-34　制冷剂循环系统主要器件

正常工作时,压缩机吸气口和排气口两端铜管的温度不同,排气口(高压管)端在 50～60 ℃之间,吸气口(低压管)端在 5～6 ℃之间。

② 冷凝器。冷凝器将压缩机排入的高温高压气体经冷却介质冷却后变成液体,如图 1-34(b)所示。

③ 干燥过滤器。制冷剂循环系统中如果含有水分,当制冷剂通过节流阀(热力膨胀阀或毛细管)时,因压力及温度下降,有时水分会凝固成冰,使通道阻塞,影响制冷装置的正常运作,所以必须安装干燥过滤器,如图 1-34(c)所示。

④ 蒸发器。蒸发器依靠制冷剂液体的蒸发吸收被冷却介质的热量,也可称之为热交换器,如图 1-34(d)所示。

冷水机的蒸发器的外形结构一般为螺旋管,可放置在水箱内吸收热量,降低水温。

⑤ 制冷剂。制冷剂携带热量,并在状态变化时实现吸热和放热。大多数冷水机使用 R22 或 R12 作为制冷剂。

⑥ 制冷剂循环系统的工作过程。制冷剂循环系统的工作过程是:蒸发器中的液态制冷剂吸收水中的热量并完全蒸发(制冷过程),制冷剂变为气态后被压缩机吸入并压缩,通过冷凝器(风冷/水冷)吸收热量(散热过程)凝结成低温高压液体,再通过热力膨胀阀(或毛细管)节流后变成低温低压制冷剂进入蒸发器,完成制冷剂循环过程。

制冷剂循环系统的管路如果出现结霜,可能是因为制冷剂不够,应请专业人士补充并检查是否存在泄露。

(4) 冷却液循环系统的主要器件与工作过程。

① 常用冷却液。激光设备冷水机常用的冷却液是冷却水,有特殊需要时可用乙二醇溶液、硅油等。冷却水必须使用去离子水或纯水,最好使用蒸馏水。

② 冷却水的纯度指标。电导率(electric conductivity,EC)是测量水的各类杂质成分的重要指标,水越纯净,电导率越低。水的电导率用电导系数来衡量,是指水在 25 ℃时的电导率。

在国际单位制中,电导率的常用单位为西门子/米(S/m)、毫西/厘米(mS/cm)、微西/厘米(μS/cm)等。其中,普通纯水,EC=1～10 μS/cm;高纯水,EC=0.1～1.0 μS/cm;超纯水,EC=0.055～0.1 μS/cm。

在实际测量中,用电阻率(单位为 MΩ/cm)来表示溶液的电导率比较方便,电阻率是电导率的倒数。

③ 冷却水纯度的检查方法。冷却水纯度是保证激光输出效率及激光器组件寿命的关键,应每周检查一次内循环水的电阻率,保证其电阻率不小于 0.5 MΩ/cm,需每月更换一次内循环水,新注入纯水的电阻率必须不小于 2 MΩ/cm。

TDS(total dissolved solids)是水中溶解性固体总量,它表示 1 L 水中溶有多少毫克溶解性固体,与水的电导率有较好的对应关系,单位为毫克/升(mg/L)。TDS 值越高,电导率越高,反之亦然。

市面上有专用的 TDS 测试笔销售,它的使用方法很简单,如图 1-35 所示。

冷却水的纯度也可以直接使用万用表检查,方法是将万用表置于 2 MΩ 电阻挡,把两支表笔测量端的金属外露部分以 1 cm 的间隔距离,平行地插入冷却水面,此时的电阻读数至少应大于 2 MΩ。

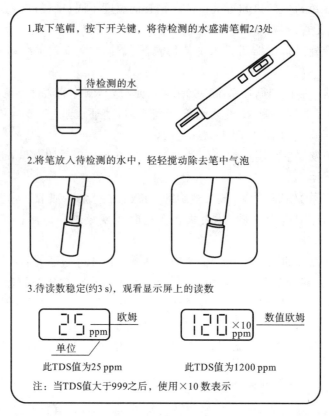

1.取下笔帽，按下开关键，将待检测的水盛满笔帽2/3处

待检测的水

2.将笔放入待检测的水中，轻轻搅动除去笔中气泡

3.待读数稳定(约3 s)，观看显示屏上的读数

25 ppm 欧姆

120 ×10 ppm 数值欧姆

单位

此TDS值为25 ppm

此TDS值为1200 ppm

注：当TDS值大于999之后，使用×10数表示

图1-35 TDS测试笔使用方法

冷却系统中如果装有离子交换树脂，一旦发现交换柱中树脂的颜色变为深褐色甚至黑色时,应立即更换树脂。

④ 冷却液循环系统工作过程。冷却液循环系统由水泵将冷却水从水箱送到用户需冷却的设备器件中,冷却水将器件热量带走后温度升高,再回到冷却水箱中制冷,循环往复。

(5) 电气控制系统的主要器件与工作过程。

① 电气控制系统概述。电气控制系统包括系统电源和控制回路两大部分,如图1-36所示。系统电源通过接触器对压缩机、风扇、水泵等器件供电。

冷水机控制回路包括水位、温度、压力、流量控制回路及与之相关的延时器、继电器、过载保护器件等,一般设有电源高低压保护、压缩机过热保护、电流过载保护、三相电源缺相及相序保护、防漏电接地保护等多功能保护。

② 冷水机水位控制系统的器件与工作过程。冷水机水位控制系统的核心器件是水位开关,结构及工作过程如图1-37所示。

移动浮子用比重比水轻的塑料制造,当水位高于或等于设定值时,移动浮子上浮,开关闭合,无控制信号输出,冷水机正常工作。当水位低于设定值时,移动浮子下移,开关打开,有控制信号输出,冷水机蜂鸣器报警提示水量不足。

③ 冷水机水流控制系统的器件与工作过程。冷水机水流控制系统的核心器件是流量开关,流量开关有不可调流量开关和可调流量开关两大类型,外形如图1-38所示。

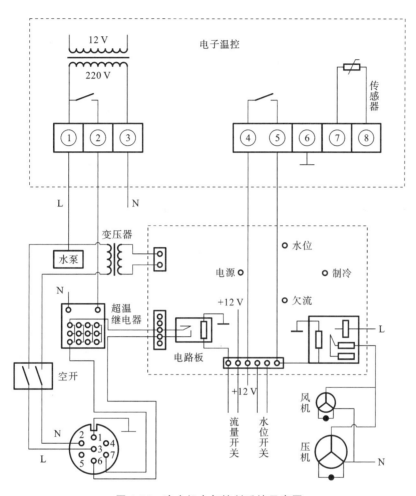

图 1-36　冷水机电气控制系统示意图

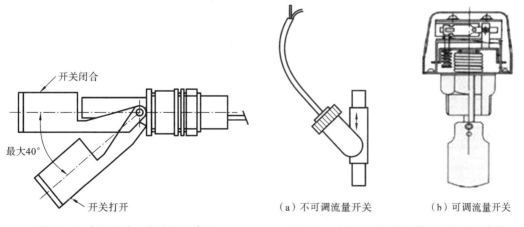

图 1-37　水位开关工作过程示意图　　　　图 1-38　不可调/可调流量开关外形示意图

　　当管道内冷却水流量低于设定值时,移动浮子下移,不可调流量开关开启,输出控制信号控制激光器电源关闭。当管道内冷却水的流量高于设定值时,移动浮子上浮,不可调流量开关闭合,输出控制信号控制激光器电源开启。

可调流量开关可以通过扭转调整螺丝在一定范围内设定管道内冷却水的流量。如图1-38所示的流量开关,打开上盖,顺时针扭转调整螺丝可调高流量设定,逆时针扭转可调小流量设定。

④ 冷水机水温控制系统的器件与工作过程。冷水机水温控制系统的核心器件是温度控制器,温度控制器有双金属膨胀机械温度控制器和电子式温度控制器两大类。

● 双金属膨胀机械温度控制器

双金属膨胀机械温度控制器结构如图1-39所示,其核心零件是感温管。感温管由线膨胀系数差别较大的两种金属组成,线膨胀系数大的金属棒在中心,小的套在外面并焊在一起,外套管的另一端固定在安装位置处。

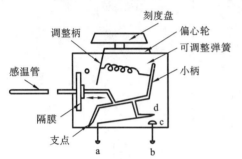

图1-39 双金属膨胀机械温度控制器结构

在温度升高时,中心的金属棒便向外伸长,伸长长度与温度成正比,从而带动动触点d运动,改变c、d的连接状态。

点a、b为两个接线端口,接在冷水机制冷系统的压缩机控制电路上,c、d分别为静、动触点,一般处于断开状态,当刻度盘调节到固定数值后,弹簧的弹力为一定值。

当冷却液循环系统的水箱内水温高于设定温度时,感温管使动触点d与静触点c闭合,压缩机电源接通,开始制冷。

当温度下降到低于设定温度时,动静触点又被分离,压缩机电源断开,制冷停止,水温基本保持恒定。

● 电子式温度控制器

某型号的电子式温度控制器的前面板外观及内部端口连线如图1-40所示。从内部连线端口可以得知,端口1、2是交流220 V电源输入端,用来给温度控制器供电。端口6、7用来连接压缩机的控制端口,以控制压缩机的启停。传感器端口9、10用来连接负温度系数(NTC)的热敏电阻器(置于水箱内),当温度低时,其电阻值较高;当温度升高时,电阻值降低,导致温度控制器内部的控制信号发生变化,达到温度控制的目的。

 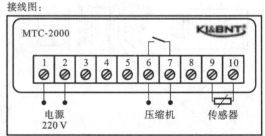

图1-40 电子式温度控制器外形及内部连接图

电子式温度控制器有许多功能,主要设置有参数模式、查看参数、探头故障报警、超温报警、开机延时保护和温度校正等,如表 1-1 所示,具体内容请参看相关说明书。

表 1-1　电子式温度控制器常见的功能

显示	功　能	设定范围	功　能　说　明
F01	温度上限	−39～+50 ℃	控制器设置温度范围
F02	温度下限	−40～+49 ℃	
F03	温度校正	±5 ℃	显示温度与实际温度有偏差时可进行温度校正
F04	延时时间	0～9 min	压缩机开机延时保护
F05	超温报警	0～20 ℃	当水温超出设定的超温报警值时,蜂鸣器鸣响且数码管闪烁
444	探头故障报警		当探头出现短路、断路等故障时,蜂鸣器响且数码管显示"444"并闪烁

设置温度控制器的工作温度时,除了要满足设备的工作要求外,还应防止环境温度与设备工作温度的温差过大,一般温度的下限设置应不低于环境温度 5 ℃,否则容易使得设备的某些器件结露,导致激光器功率下降,并有可能带来其他破坏性损失。

例如,如果环境温度为 33 ℃,下限温度设置就不宜低于 28 ℃。

3) 激光加工设备供气装置

(1) 供气装置概述。

激光加工设备的供气装置有两个功能。第一个功能是为激光加工工艺提供辅助气体,如提供清洁干燥的压缩空气和高纯氧气来助燃,提供高纯氮气和氩气进行工件保护等;第二个功能是为激光加工设备提供辅助气体,如提供清洁干燥的压缩空气来驱动夹具的气缸,使用气体进行光路的正压除尘等。

(2) 供气方式。

供气装置有集中供气和独立供气两种供气方式。

① 集中供气系统。在激光打标、切割、焊接等加工设备集中的地方,常常建有集中供气系统。集中供气系统将激光加工中需要的氧气、氩气、氮气等辅助气体送到各个激光设备,具有保持气体纯度、不间断供应、压力稳定、经济性高、操作简单安全的优点。

集中供气系统如图 1-41 所示。

② 独立供气系统。独立供气系统由气源(一般是液化气钢瓶)直接向设备供气,如图1-42所示。值得注意的是,不同气源的钢瓶有不同的颜色,如图 1-43 所示。

(3) 激光加工中的主要辅助气体。

① 氩气(Ar)。氩气是一种惰性气体,主要作为激光焊接与切割铝、镁、铜及其合金和不锈钢时的保护气体,防止工件被氧化或氮化,用浅蓝色钢瓶存放。氩气对人体无直接危害,但浓度高时有窒息作用,液态氩触及皮肤可引起冻伤,液态氩溅入眼内可引起炎症。

② 氮气(N_2)。氮气无色无味,主要作为激光焊接、切割和打标时的保护气体,采用黑色钢瓶盛放。在氮气作为辅助气体的激光切割中,氮气吹出切缝,没有化学反应,熔点区域温度相对较低,切割质量高,适合加工铝、黄铜等低熔点材料,也可用于不锈钢的无氧化切割,还能用来加工木材、有机玻璃等特殊材料。

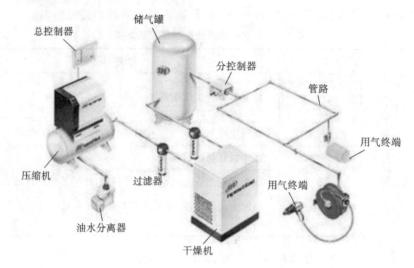

图 1-41　集中供气系统

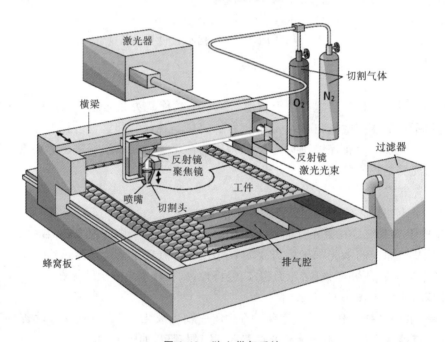

图 1-42　独立供气系统

高纯氮的价格是高纯氧的 3 倍,氮气切割的综合成本是氧气切割的 15 倍以上。

③ 氧气(O_2)。氧气无色无味,主要作为激光焊接、切割和打标时的助燃气体,采用兰色钢瓶盛放。在以氧气作为辅助气体的激光切割中,氧气参与燃烧,高温增大热影响区,使切割质量相对较差。但氧气燃烧增加热量,提高了切割厚度,成本低,主要应用于切割碳钢或不锈钢。

④ 压缩空气(CA)。压缩空气主要由空气压缩机来提供,主要有以下几个作用。第一,用来驱动夹具气缸移动到指定位置,完成工件装夹过程。第二,使光路系统在工作过程中始

终保持正气压,避免灰尘进入污染镜片,延长镜片寿命。第三,可以用来去除烟尘、清理工件。第四,用来进行模板、PVC等非金属易燃材料的助燃切割。

（4）辅助气体纯度与选择。

① 气体产品的等级与纯度。气体产品的等级可以分为普通气(工业气)、纯气、高纯气、超纯气四个等级。辅助气体纯度对激光加工质量有很大影响,气体中所含的氧气影响断面加工质量,水分会对激光器件造成危害。表1-2说明了氮气纯度和切割金属产品时的质量的关系,由表可以看出,气体级别在4.5级及以上的激光切割断面的质量良好。

图1-43 不同气源的钢瓶

表1-2 氮气纯度和切割质量的关系

气体等级	气体纯度/(%)	氧气含量×10^{-6}	水含量×10^{-6}	激光切割断面质量
2.8	99.8	500	20	无氧化,表面微黄
3.5	99.95	100	10	无氧化,没有光泽
4.5	99.995	10	5	无氧化,断面光亮
5.0	99.9999	3	5	安全无氧化,断面有光泽

② 气体产品的等级与纯度的表示方法。

● 用百分数表示,如99%、99.5%、99.99%等。

● 用"9"的英文字头"N"表示。如3N、4N、4.8N、5N等。

"N"的数目与"9"的个数相对应,小数点后的数表示不足"9"的数,如4N（99.99%）、4.8N（99.998%）等,5.0最大。

4）激光加工设备除烟除尘装置

激光加工设备利用专业烟雾净化器来解决激光加工过程中产生的粉尘和有害气体对环境、设备和产品的污染。

（1）激光烟雾净化器的组成。

烟雾净化器主要由烟雾过滤系统和参数控制系统组成。

（2）烟雾过滤系统的主要器件与工作过程。

① 烟雾过滤系统。烟雾过滤系统采用下进风、上排风的设计,由进气口1、多层过滤器2、风琴式预过滤器3、主过滤器4、排气口5等器件组成,烟雾通过进气口—预过滤器—主过滤器—排气口排出,如图1-44所示。

从物理原理分析,烟雾过滤系统由预过滤层、HEPA高效过滤层、除味过滤层3级过滤层组成。

② 风琴式预过滤器。预过滤器是风琴式预过滤袋,展开面积可达垫式过滤面积的20倍,大颗粒粉尘在重力作用下沉降在过滤袋中,避免了主过滤器过早堵塞,延长滤芯的使用寿命。

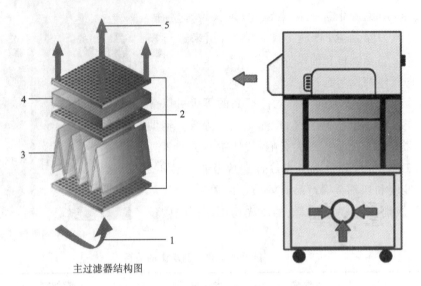

主过滤器结构图

图 1-44 烟雾过滤系统组成

③ 主过滤器。预过滤后,小颗粒粉尘随气流进入主过滤器,主过滤器由 HEPA 高效过滤芯和化学滤芯组成,空气可以通过,直径 $0.3~\mu m$ 以上的细小微粒无法通过,过滤效率可达 99.997%,再通过化学滤芯去除气体中的有害元素,达到环保排放的要求。

主过滤器一般采用抽屉式安装结构,方便更换。

(3) 参数控制系统的主要器件与工作过程。

激光烟雾净化器的参数控制系统主要由风机压力闭环控制系统、滤芯堵塞声光报警装置、粉尘及有害气体传感器等器件组成。

风机压力闭环控制系统通过压力传感器反馈风压信号,实现对风量的精确调节。当滤芯堵塞时,滤芯堵塞声光报警装置指示灯亮并伴有报警声,提示更换滤芯。粉尘及有害气体传感器可以自动检测净化后的气体,防止有害气体危害人体健康。

5) 激光加工设备防护装置

整体、全面、有效的防护装置是衡量激光加工设备功能完备性的重要标志。

(1) 激光器系统辐射安全防护装置。为了避免激光直接辐射,大多数固体激光器采用全封闭式设计。

激光器出光接口必须做密封设计,如各种光纤传导接口必须制定统一接口标准,激光器和激光头无缝对接,避免对外辐射。

(2) 导光系统辐射安全防护装置。导光系统激光辐射主要来自于激光头和加工工件之间的反射。机床类激光设备主要采用防护罩和专业防护玻璃来减少辐射,防护罩通常采用不透光的钣金材料,阻断激光辐射对操作者可能带来的辐射伤害及机械撞击。

防护玻璃常安装在防护罩观察窗口的位置,便于操作员观察机床的运行情况。

(3) 加工设备总体安全设计装置。加工设备总体安全设计装置实现对激光的多重控制。

① 挡板和安全联锁开关。激光设备需要安全联锁开关,确保只有用钥匙打开联锁开关后才能触发并启动激光器,拔出钥匙就不能启动。

② 总开关。总开关必须配可以取下的钥匙,并由专人保管,必要时可以设置密码。

③ 遥控开关。对于四类激光产品可以采用遥控操作。

1.4 激光安全防护知识

1.4.1 激光加工危险知识

1. 激光加工危险分类

根据《激光加工机械安全要求》(GB/T 18490—2001),使用激光加工设备时可能导致两大类危险:第一类是设备固有的危险;第二类是外部影响(干扰)造成的危险。危险是引起人身伤害或设备损坏的原因。

1) 设备固有危险

激光加工设备固有危险一共有 8 个大类。

(1) 机械危险。机械危险包括激光加工设备运动部件、机械手或机器人运动过程中产生的危险,主要包含以下几个方面。

① 设备及其运动部件的尖棱、尖角、锐边等刺伤和割伤的危险。

② 设备及其运动部件倾覆、滑落、冲撞、坠落或抛射的危险。

例如,激光加工设备上的机械手可能会把防护罩打穿一个孔,可能损坏激光器或激光传输系统,还可能会使激光光束指向操作人员、周围围墙和观察窗孔。

(2) 电气危险。激光加工设备总体而言属于高电压、大电流的设备,电气危险首先可能是高电压、大电流对操作人员的伤害和对设备造成的损坏,其次是在极高电压下无屏蔽元件产生的臭氧或 X 射线,它们都会直接造成人身伤亡事故。

(3) 噪声危险。使用激光加工设备时,常见的噪声源有吸烟雾用的除尘设备的运转喧叫声、抽真空泵的马达噪声、冷却水用的水泵马达噪声、散热用的风扇转动噪声等。

在无适当防护的情况下,当噪声总强度超过 90 dB 时可引起头痛、脑胀、耳鸣、心律不齐和血压升高等后果,甚至可致噪声性耳聋。

激光加工设备的整机噪声声压级不应超过 75 dB(A)。声压级测量方法应符合 GB/T 16769—2008 的规定。

(4) 热危险。在使用激光加工设备时可能导致火灾、爆炸、灼伤等热危险,热危险可分为人员烫伤危险和场地火灾危险两大类。

激光加工设备爆炸源主要有泵浦灯、大功率玻璃管激光器、电解电容等。

由热危险会导致烧穿激光加工设备的冷却系统和工作气体管路以及传感器的导线,可能造成元器件损毁或机械危险的产生。

激光光束意外地照射到易燃物质上可能导致火灾。

(5) 振动危险。

(6) 辐射危险。

① 辐射危险的种类。辐射危险与热危险密不可分,它可以分为三类:直射或反射的激光光束及离子辐射导致的危险;泵浦灯、放电管或射频源发出的伴随辐射(紫外、微波等)导致的危险;激光光束作用使工件发出二次辐射(其波长可能不同于原激光光束的波长)导致的危险。

② 辐射危险带来的后果。辐射危险会引起聚合物降解和有毒烟雾气体,尤其是臭氧的产生,会造成可燃性物料的火灾或爆炸,会对人形成强烈的紫外光、可见光辐射等。

(7) 设备与加工材料导致的危险。

① 危险种类。设备与加工材料导致的危险的分类及副产物。

● 激光设备使用的制品(例如激光气体、激光染料、溶媒等)导致的危险;

● 激光光束与物料相互作用(例如烟、颗粒、蒸气、碎块等)导致的火灾或爆炸危险;

● 促进激光光束与物料作用的气体及其产生的烟雾导致的危险,包括中毒和氧缺乏的危险。

② 各类激光加工时常见的副产物与危险。

● 陶瓷加工。铝(Al)、镁(Mg)、钙(Ca)、硅(Si)等的氧化物,其中,氧化铍(BeO)有剧毒。

● 硅片加工。浮在空气中的硅(Si)及氧化硅的碎屑可能引起矽肺病。

● 金属加工。锰(Mn)、铬(Cr)、镍(Ni)、钴(Co)、铝(Al)、锌(Zn)、铜(Cu)、铍(Be)、铅(Pb)、锑(Sb)等金属及其化合物对人体是有影响的。

其中,Cr、Mn、Co、Ni 对人体致癌,金属 Zn、Cu 的烟雾会使人引起发烧和过敏反应,金属 Be 会引起肺纤维化。

在大气中切割合金或金属时会产生较多的重金属烟雾。

金属焊接与金属切割相比,产生的重金属烟雾量较低。

金属表面改性一般不会产生大量金属烟雾,但有时也会产生少量重金属烟雾。

低温焊接与钎焊可能会产生少量的重金属蒸气、焊剂蒸气及其副产物。

● 塑料加工。切割加工温度较低时产生脂肪族烃,而温度较高时则会使芳香族烃(例如苯、PAH)和多卤多环类烃(例如二氧芑、呋喃)增加。其中,聚氨酯材料会产生异氰酸盐,PMMA 会产生丙烯酸盐,PVC 会产生氧化氢。

氰化物、CO、苯的衍生物是有毒气体,异氰酸盐、丙烯酸盐是过敏源和刺激物,甲苯、丙烯醛、胺类会刺激呼吸道,苯及某些 PAH 物质会致癌。

在切割纸和木材时会产生纤维素、酯类、酸类、乙醇、苯等副产物。

(8) 设备设计时忽略人类工效学原则而导致的危险,包括误操作、控制状态设置不当、不适当的工作面照明等导致的危险。

2) 设备外部影响(干扰)造成的危险

设备外部影响(干扰)造成的危是指激光加工设备外部环境变化后所造成的设备状态参数变化而导致的危险状态,也可以分为八类。

(1) 温度变化。

(2) 湿度变化。

(3) 外来冲击和振动。

(4) 周围的蒸气、灰尘或其他气体的干扰。

（5）周围的电磁干扰及射电频率干扰。

（6）断电和电压起伏。

（7）由于安全措施不到位或不正确产生的危险。

（8）由于电源故障、机械零件损坏等产生的危险。

上述两大类，共计16小类危险在不同材料和不同加工方式中的影响程度是不同的，表1-3列出了用 CO_2 激光器切割有机玻璃时可能产生的危险程度的分类。读者可以根据上述方法分析激光焊接、激光打标时可能遇到的主要危险，在激光设备和制定加工工艺时应该采取措施来防范以上这些危险的产生。

表 1-3　CO_2 激光器切割有机玻璃时可能产生的危险程度

危　　险	程度	危　　险	程度	危　　险	程度
机械危险	程度一般	辐射危险	程度严重	湿度危险	程度一般
电气危险	程度一般	材料导致的危险	程度严重	外来冲击/振动危险	程度一般
噪声危险	基本没有	设计不当导致的危险	程度一般	周围的蒸气、灰尘或其他气体的干扰	程度一般
热危险	程度严重	温度危险	程度一般	周围的电磁干扰/射电频率干扰	程度一般
断电/电压起伏危险	基本没有	安全措施不当的危险	程度一般	失效、零件损坏等产生的危险	程度一般

2. 激光辐射危险分级

激光辐射危险是激光加工时的特有和主要危险，必须重点关注。

评价激光辐射的危险程度是以激光光束对眼睛的最大可能的影响作为标准的，即根据激光的输出能量和对眼睛损伤的程度把激光分为四类，再根据不同等级分类制订相应的安全防护措施。

我国 GB/T18490—2001 规定了激光加工设备辐射的危险程度，它们与国际电工委员会（IEC）的标准（IEC60825）、美国国家标准（ANSIZ136）或其他相关的激光安全标准相同。

根据国际电工技术委员会 IEC60825.1:2001 制定的标准，激光产品可分为下列几类，如表 1-4 所示。

表 1-4　激光辐射危险分级

激光辐射危险分级		输出激光功率	波长范围
1 类	普通 1 级激光产品	小于 0.4 mW	400~700 nm
	1M 级激光产品		
2 类	普通 2 级激光产品	0.4~1 mW	400~700 nm
	2M 级激光产品		
3 类	3A 级激光产品	1~5 mW	302.5~1064 nm
	3B 级激光产品	5~500 mW	
4 类	4 类激光产品	500 mW 以上	302.5 nm 至红外光

(1) 1 类激光产品。1 类激光产品的波长范围为 400～700 nm,输出激光功率小于 0.4 mW,其又可以分为普通 1 级激光产品和 1M 级激光产品两类。

普通 1 级激光产品不论何种条件下对眼睛和皮肤都不会超过 MPE 值,即使在光学系统聚焦后也可以利用视光仪器直视激光光束,在保证设计上的安全后不必特别管理,又可称无害免控激光产品。

1M 级激光产品在合理可预见的情况下的操作是安全的,但若利用视光仪器直视光束,便可能会造成危害。

典型的 1 类激光产品有 CD 播放设备、CD-ROM 设备、地质勘探设备和实验室分析仪器等,如图 1-45 所示。

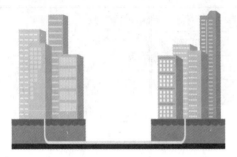

图 1-45　1 类激光产品举例

(2) 2 类激光产品。2 类激光产品的波长范围为 400～700 nm,能发射可见光,输出激光功率为 0.4～1 mW,又可称为低功率激光产品。

2 类激光产品可以分为普通 2 级激光产品和 2M 级激光产品两类。因为人闭合眼睛的反应时间约为 0.25 s,所以普通 2 级激光产品可通过眼睛调节(眨眼)提供足够保护,其典型应用有激光地标、登机牌等,如图 1-46 所示。

图 1-46　普通 2 级激光产品举例

图 1-47　2M 级激光产品举例

2M 级激光产品的可视激光会导致晕眩,用眼睛偶尔看一下不至于造成眼损伤,但不要直接在光束内观察激光,也不要用激光直接照射眼睛,避免用远望设备观察激光。

典型应用有激光测距、激光指示等,如图 1-47 所示。

(3) 3 类激光产品。3 类激光产品的波长范围为 302.5～1064 nm,为可见或不可见的连续激光,输出激光功率为 1～500 mW,又可称中功率激光产品。

3 类激光产品分为 3A 级激光产品和 3B 级激光产品。

3A 级激光产品输出的为可见光的连续激光,输出 $1\sim5$ mW 的激光光束,光束的能量密度不超过 25 W/m^2,要避免用远望设备观察 3A 级激光。

3A 级激光产品的典型应用和 2 类激光产品有很多相同之处,这类产品的可达发射极限不得超过波长范围为 $400\sim700$ nm 的 2 类激光产品的 5 倍,在其他波长范围内亦不可超过 1 类激光产品的 5 倍。

3B 级激光产品输出的为 $5\sim500$ mW 的连续激光,直视激光光束会对眼造成损伤,但将激光改变成非聚焦、漫反射时一般无危险,对皮肤无热损伤,3B 级激光产品的典型应用有半导体激光治疗仪、光谱测定和娱乐灯光表演等,如图 1-48 所示。

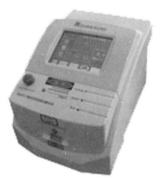

（4）4 类激光产品。4 类激光产品的波长范围为 302.5 nm 至红外光,为可见或不可见的连续激光,输出激光功率大于 500 mW,又可称大功率激光产品。

4 类激光产品的直射光束及镜式反射光束对眼和皮肤的损伤相当严重,其漫反射光也可能给人眼造成损伤并可灼伤皮肤及酿成火灾,激光的扩散和反射也会造成危险。

图 1-48　3 类激光产品举例

大多数激光加工设备,如激光热处理机、激光切割机、激光雕刻机、激光标记机、激光焊接机、激光打孔机和激光划线机等均为典型的 4 类激光产品。激光外科手术设备和显微激光加工设备等也属于 4 类激光产品,如图 1-49 所示。

图 1-49　4 类激光产品举例

1.4.2　激光加工危险防护

1. 激光辐射伤害防护

1）激光辐射伤害防护的主要措施

（1）操作人员应具备辐射防护知识,佩戴与激光波长相适应的防护眼镜,如图 1-50 所示。

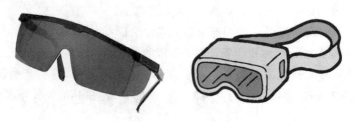

图 1-50　激光防护眼镜

（2）激光加工设备应具备完善的激光辐射防护装置。

（3）激光加工场地应具备完善的激光防护装置和措施。

2）激光防护眼镜的类型与选用

激光防护眼镜可全方位防护特定波段的激光和强光，防止激光对眼睛的伤害。其光学安全性能应该完全满足 GJB 1762—1993《激光防护镜生理卫生防护要求》及《RoHS 标准》。

（1）激光防护眼镜的类型。

① 吸收型激光防护眼镜。吸收型激光防护眼镜在基底材料 PMMA 或 P.C 中添加特种波长的吸收剂，能吸收一种或几种特定波长的激光，又允许其他波长的光通过，从而实现激光辐射防护。

吸收型激光防护眼镜只能防护可见光和近红外光谱中极小的一部分，其优点是抗激光冲击的能力优良，对激光衰减率较高，表面不怕磨损，即使有擦划，也不影响激光的安全防护，缺点是吸收激光能量容易导致其本身被破坏，同时它对可见光的透过率不高，影响观察。

② 反射型激光防护眼镜。反射型激光防护眼镜是在基底上镀多层介质膜，有选择地反射特定波长的激光而让在可见光区内的其他邻近波长的大部分可见光通过。

市面上能够买到的防护眼镜大部分是反射型激光防护眼镜。由于是反射激光，它比吸收型激光防护眼镜能够承受更强的激光，其对可见光的透过率高，同时激光的衰减率也较高，光反应时间快（小于 10^{-9} s）。缺点是多层涂膜对激光反射的效果随激光入射角的变化而变化，如果对激光防护要求很高，需要的涂层就会较厚，这对玻璃透光性的影响很大，另外，镀的介质层越厚越容易脱落，且脱落之后不易被肉眼观察到，这是非常危险的。

③ 复合型激光防护眼镜。复合型激光防护眼镜是在吸收式防护材料的表面上再镀上反射膜，既能吸收某一波长的激光，又能利用反射膜反射特定波长的激光，兼有吸收型和反射型两种激光防护眼镜的优点，但可见光透过率相对于反射式材料有很大程度的下降。

④ 新型激光防护材料。新型激光防护材料基于非线性光学原理，主要利用非线性吸收、非线性折射、非线性散射和非线性反射等非线性光学效应来制造激光防护眼镜。

例如，碳高分子聚合物（C_{60}）制成的激光防护眼镜，可使透光率随入射光强的增加而降低。又如，全息激光防护面罩是采用全息摄影方法在基片上制作光栅，对特定波长的激光产生极强的一级衍射，是一种新型的防护装备。

（2）激光防护眼镜的选用原则及指标。

① 激光防护眼镜的选择原则。选择防护眼镜时，首先根据所用激光器的最大输出功率（或能量）光束直径、脉冲时间等参数确定激光输出最大辐照度或最大辐照量。而后，按相应波长和照射时间的最大允许辐照量（眼照射限值）确定防护眼镜所需的最小光密度值，并

据此选取合适的防护眼镜。

② 选择激光防护眼镜的几个指标。

● 最大辐照量 $H_{max}(J/m^2)$ 或最大辐照度 $E_{max}(W/m^2)$。

● 特定的激光防护波长。

● 在相应防护波长的所需最小光密度值 OD_{min}。

光密度(optical density,OD),是一个没有量纲单位的对数值,表示某种材料的入射光与透射光比值的对数,或者说是光线透过率倒数的对数。计算公式为 OD=1 g(入射光/透射光)或 OD=1 g(1/透过率),它有 0~7 共 8 个等级,对应的光线透过率(或衰减系数)如表 1-5 所示。OD 值越大,激光防护眼镜的防护能力越强。

表 1-5　光密度、光透过率和衰减系数之间的关系

光　密　度	透　过　率	衰减系数
0	100%	1
1	10%	10
2	1%	100
3	0.1%	1000
4	0.01%	10000
5	0.001%	100000
6	0.0001%	1000000
7	0.00001%	10000000

● 镜片的非均匀性、非对称性、入射光角度效应等。

● 抗激光辐射能力。

● 可见光透过率 VLT(Visible Light Transmittance)。激光防护眼镜的 VLT 数值低于 20%,所以激光防护眼镜需要在良好的照明环境中使用,保证操作人员在佩戴激光防护眼镜后视觉良好。

● 结构外形和价格。包括是否佩戴近视眼镜、人员的面部轮廓。

③ 激光防护眼镜实例如图 1-51 所示。

【产品名称】：激光防护眼镜
【产品型号】：SK-G16
【防护波长】：1064 nm
【光密度OD】：6+
【可见光透过率】：85%
【防护特点】：反射式全方位防护
【适合激光器】：四倍频Nd：YAG激光器、
准分子激光器、He cd激光器、YAG激光器、
半导体激光器

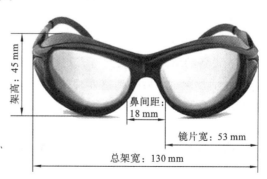

图 1-51　激光防护眼镜实例

3）激光加工设备上的激光辐射防护装置

（1）设备启动/停开关。激光加工设备启动/停开关应该能使设备停止（致动装置断电），同时隔离激光光束或者不再产生激光光束。

（2）急停开关。急停开关应该能同时使激光光束不再产生并自动把激光光闸放在适当的位置，使加工设备断电，切断激光电源并释放储存的所有能量。

如果几台加工设备共用一台激光器且各加工设备的工作彼此独立无关，则安装在任意一台设备上的紧急终止开关都可以执行上述要求，或者使有关的加工设备停止（致动装置断电），同时切断通向该加工设备的激光光束。

（3）隔离激光光束的措施。通过截断激光光束或使激光光束偏离来实现激光光束的隔离。实现光束隔离的主要器件有激光光束挡块（光闸）。

（4）激光加工场地的激光防护装置和措施如下。

① 防护要求。在操作激光设备时，排除人员受到1类以上激光辐射照射。在设备维护维修时，排除人员受到3A级以上激光辐射照射。

② 防护措施。当激光辐射超过1类时，防护装置应该防止无关人员进入加工区。

操作说明应该说明要采用的防护类型是局部保护还是外围保护。

局部保护是使激光辐射以及有关的光辐射减小到安全量值的一种防护方法，例如，固定在工件上的光束焦点附近的套管或小块挡板。

外围保护利用远距离挡板（例如保护性围栏）把工件、工件支架，以及加工设备，尤其是运动系统封闭起来，以使激光辐射以及有关的光辐射减小到安全量值。

2．非激光辐射伤害防护

激光加工时的非激光伤害主要有触电危害、有毒气体危害、噪声危害、爆炸危害和火灾危害、机械危害等。

1）触电伤害防护措施

（1）培训工作人员掌握安全用电知识。

（2）严格要求激光设备的表壳接地良好，并定期检查整个接地系统是否真正接地。

（3）不准使用超容量保险丝和超容量保护电路断开器。

（4）检修仪器时注意先用泄漏电阻给电容器放电。

（5）经常保持环境干燥。

2）防备有毒气体危害的安全措施

（1）激光设备的出光处必须配备有足够初速度的吸气装置，能将加工的有害烟雾及时吸掉、抽走，并经活性碳过滤后排到室外。

（2）工作室要安排通风排气设备，抽走弥散在工作室内的残余有毒气体。

（3）平时保持工作室通风和干燥，加工场所应具备通风换气的条件。

（4）场地排烟系统设计一般有以下三方面的规则。

① 排烟系统应安装在车间外部。

② 抽风设备应以严密的排风管连接，风管的安装路径越平顺越好。

③ 为避免振动，尽量不要使用硬质排风管连至激光加工设备。

3）防备噪声危害的安全措施

（1）采购低噪声的吸气设备。

（2）用隔音材料封闭噪声源。

（3）工作室四壁配置吸声材料。

（4）噪音源远离工作室。

（5）使用隔音耳塞。

4）防备爆炸危害的安全措施

（1）将电弧灯、激光靶、激光管和光具组元件包封起来使其具备足够的机械强度。

（2）正在连续使用中的玻璃激光管的冷却水不能时通时断。

（3）经常检查电解电容器，如果有变形或漏油，则应及时更换。

5）防备火灾危害的安全措施

（1）安装激光设备（尤其是大电流离子激光设备）时，应考虑外电路负载和闸刀负载是否有足够的容量。

（2）电路中应接入过载自动断开保护装置。

（3）易燃、易爆物品不应置于激光设备附近。

（4）在室内适当地方备沙箱、相关灭火器等救火设施。

6）防备机械危害的安全措施

（1）设备部位不得有尖棱、尖角、锐边等缺陷，以免引起刺伤和割伤的危险。

（2）在预定工作条件下，设备及其部件不应出现意外倾覆。

（3）激光系统、光束传输部件应有防护措施并牢固定位，防止造成冲击和振动。

（4）设备的往复运动部件应采取可靠的限位措施。

（5）各运动轴应设置可靠的电气、机械双重限位装置，防止造成滑落的危险。

（6）联锁的防护装置打开时，设备应停止工作或不能启动，并应确保在防护装置关联锁的防护装置打开时，设备应停止工作或不能启动，并应确保在防护装置关闭前不能启动，如成形室的门打开时，设备不能加工，以防止运动部件高速运行时造成冲撞的危险。

（7）在危险性较大的部位应考虑采用多重不同的安全防护装置，并有可靠的失效保护机制。如高温保护措施，光束终止衰减器、挡板、自动停机机构等光机电多重保护装置。

激光焊接机主要参数测量方法与技能训练

2.1 激光焊接与激光焊接机

2.1.1 激光焊接概述

1. 激光焊接的物理作用原理

在国家标准的焊接方法分类中,激光焊接属于熔化焊接中的一个类别,如图 2-1 所示。

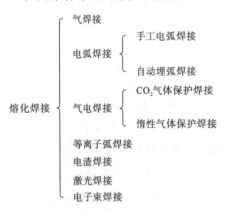

图 2-1 焊接方法分类

激光焊接是将一定强度的激光光束(焦平面上功率密度为 $10^5 \sim 10^{13}$ W/cm² 的激光光束)辐射至被焊金属表面,通过激光与被焊金属的相互作用,在被焊处形成一个能量高度集中的局部热源区,从而让被焊物熔化并形成牢固的焊点和焊缝。

在激光焊接中会出现金属熔化、气化、等离子体形成等现象,要焊接良好必须使金属熔化成为能量转换的主要形式。

2. 激光焊接的主要方式

1)热传导焊接

热传导焊接是利用激光辐射加热被焊金属的表面,使金属表面的热量通过热传导作用向材料内部扩散,通过控制激光脉冲的宽度、能量、峰值功率和重复频率等参数,让工件熔化,并形成特定的熔池,直至将两个待焊接的接触面互熔并焊接在一起,如图 2-2(a)所示。

热传导焊接应用于焊接微、小型材料和薄壁材料的精密焊接中,电池激光封焊机、首饰焊接机等都是常见的热传导焊接设备。

2)激光深熔焊接

高功率密度激光光束照射到材料上,使材料被加热熔化,以至气化,并产生蒸气压,熔化

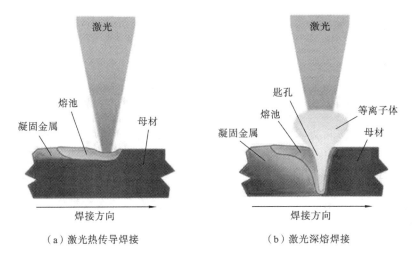

（a）激光热传导焊接　　　　　　（b）激光深熔焊接

图 2-2　激光焊接方式示意图

金属被排挤在光束周围,使照射处呈现一个凹坑,激光停止照射后,被排挤在凹坑周围的熔化金属重新流回到凹坑并凝固后将工件焊接在一起,如图 2-2(b)所示。

激光深熔焊接用于厚、大材料的高速焊接,以多功能激光加工机的形式出现。

3）激光钎焊

激光钎焊利用激光作为热源熔化焊接钎料,熔化的焊接钎料冷却后将工件连接起来。激光钎焊有软钎焊与硬钎焊两种方式,其中软钎焊主要用于焊接强度较低的材料,如焊接印刷电路板的片状元件,硬钎焊主要用于焊接强度较高的材料。

2.1.2　激光焊接机概述

表 2-1 给出了适用于焊接用的激光器类型及主要加工参数。

表 2-1　焊接用激光器类型及主要加工参数

激光器类型	最大熔深/in(1 in=2.54 cm)	最大深宽比	功率范围/kW
脉冲 Nd:YAG 激光器	0.05	1	0.025～0.6(峰值功率为 0.25～10)
CO_2 激光器	1	10	0.5～25
碟式激光器	0.5	10	0.5～10
半导体激光器	0.3	5	0.5～6
光纤激光器	1	20	0.1～50

1. 焊接机激光器系统

1）脉冲 Nd:YAG 激光器

脉冲 Nd:YAG 激光器利用相对较低的平均功率可以产生较高的峰值功率,高峰值功率和窄脉宽的结合为能量输入提供了有效的控制方式,保证了材料焊接的质量。

2）CO_2 激光器

CO_2 激光器的波长为 10600 nm,功率为 1～20 kW,是大功率激光焊接机的主要激光源。

3）碟式激光器

扁平碟式激光器的功率可达到 10 kW,同时其光束质量良好。

4）半导体激光器

高功率半导体激光器的功率可达几千瓦,它是激光焊接机的光源。

5）光纤激光器

功率小于 300 W 的低功率激光焊接机采用单模光纤激光器,大功率焊接机采用多模光纤激光器。

2．焊接机导光及聚焦系统

焊接机导光及聚焦系统可以分为硬光路系统和软光路系统两大类型。

1）硬光路系统

典型硬光路系统器件组成如图 2-3 所示,其中全反射镜片和半反射镜片构成激光谐振腔,扩束镜小镜片和扩束镜大镜片构成可调扩束镜,观察显微镜和显微镜保护镜片用于肉眼有效观察工件,45°反射镜来向下转折激光光束,聚焦镜用来聚焦激光光束,保护镜片用来防止烟雾污染镜片。

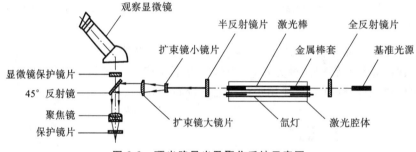

图 2-3　硬光路导光及聚焦系统示意图

2）软光路系统

除了直接使用光纤激光器的激光焊接机外,光纤传导激光焊接机的导光及聚焦系统可以分为主要由导光器件组成的硬光路系统和由耦合器件、准直器件、聚焦器件组成的软光路系统两个部分,如图 2-4 所示。

（1）导光器件主要由 45°反射镜片、小孔光阑、光闸等器件组成,主要作用是将激光器出射激光引入耦合器件中。

（2）耦合器件主要由耦合筒、耦合镜片、衰减片、光纤等器件组成,耦合镜片安装在耦合筒内,衰减片用于能量分光系统中衰减支路激光的能量。

（3）准直器件由准直器、准直镜片等器件组成,准直镜片安装于准直器中,用于将光纤出射的发散激光转换成近平行激光。

（4）聚焦器件由聚焦镜片、保护镜片等器件组成,用于将准直器件出射的近似平行的光束经 45°反射镜片反射进入焊接头聚焦后进行焊接加工。

直接使用光纤激光器的激光焊接机只有软光路系统、导光及聚焦系统。

3．焊接机控制系统

焊接机控制系统主要控制脉冲激光电源的工作过程来满足焊接加工时的能量、脉宽波

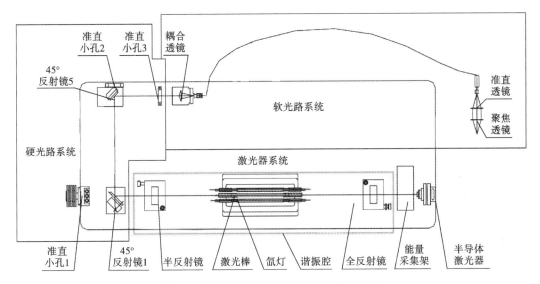

图 2-4　焊接机中光纤耦合导光及聚焦系统

形、动作顺序等参数的要求。

脉冲激光电源由主电路(包括充电电路和储能放电电路)、触发电路、预燃电路、控制电路等电路组成,如图 2-5 所示。

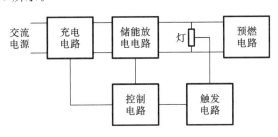

图 2-5　脉冲激光电源

脉冲激光电源的工作原理是先将三相交流电源经整流、滤波后变成直流电对储能电容充电,再通过大功率开关管控制储能电容对氙灯放电,放电的频率和宽度由控制电路决定。

图 2-6 所示的是某种脉冲激光电源的实际器件组成示意图,将在后面深入分析其组成结构和器件板卡功能。

4. 焊接机运动系统(工作台)

焊接机运动系统(工作台)的外形和内部结构如图 2-7 所示,本质上,运动系统(工作台)是一个由控制器驱动步进电动机(伺服电动机)旋转、与步进电动机(伺服电动机)相连的丝杠跟随旋转、丝杠带动螺母形成直线运动的装置。

5. 焊接机传感与检测系统

能量负反馈是焊接机最重要的传感与检测系统,它可以使激光器输出的能量(功率)具有良好的重复性,保证产品的一致性,如图 2-8 所示。

能量负反馈的工作原理已经在第 1 章做过介绍,这里不再重复。

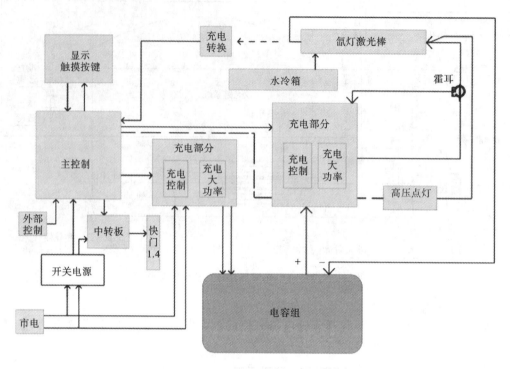

图 2-6 脉冲激光电源器件组成示意图

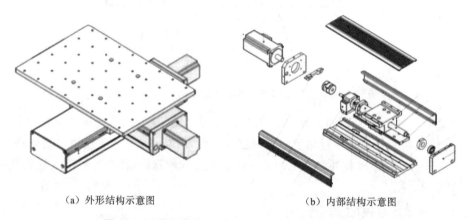

（a）外形结构示意图　　　　　　　　　　（b）内部结构示意图

图 2-7 运动系统（工作台）的外形和内部结构示意图

（a）无功率负反馈　　　　　　　　　　（b）有功率负反馈

图 2-8 能量负反馈装置的使用效果

6. 焊接机冷却与辅助系统

1）冷却系统

焊接机一般都采用内外循环二次水冷却系统，通过单独制冷方式将激光器产生的热量排放到外部。

2）吹气装置

在激光焊接过程中，吹气装置可以用来抑制等离子云，从而增加熔深，提高焊接速度。氦气是激光点焊时最有效的保护气体。使用氩气的焊件表面比使用氦气的光滑，但氩气不适合用于高功率密度的激光光束。

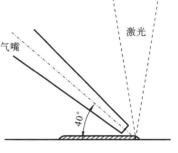

图 2-9　保护气体位置示意图

不管使用什么类型的保护气体，一般采用侧吹的方式，如图 2-9 所示。

2.2　激光光束参数测量方法与技能训练

2.2.1　激光光束参数基本知识

激光光束参数测量是激光技术中的一个重要方面，也是激光设备开发、生产和应用中的一项基础工作。

1. 激光光束参数

激光光束参数可以分为时域、空域和频域特性参数三大类。

1）激光光束时域特性参数

激光时域特性参数包括脉冲波形、峰值功率、重复功率、瞬时功率、功率稳定性等。对激光加工设备而言，激光的峰值功率是最重要的时域特性参数。

2）激光光束空域特性参数

激光空域特性参数包括激光光斑直径、焦距、发散角、椭圆度、光斑模式、近场和远场布局等。对激光加工设备而言，光斑直径、焦距和光斑模式是最重要的空域特性参数。

3）激光光束频域特性参数

激光光束频域特性参数包括波长、谱线宽度和轮廓、频率稳定性和相干性等。对激光加工设备而言，频域特性参数由生产激光器的厂家提供，一般不由用户自己测量。

2. 激光光束空域特性参数概述

1）高斯光束

理论和实际检测都证明，稳定腔激光器形成的激光光束是振幅和相位都在变化的高斯光束，如图 2-10 所示。激光加工设备中希望得到稳定的基模高斯光束。

2）基模高斯光束光斑半径 r

基模高斯光束的振幅在横截面上按高斯函数所描述的规律从中心向外边缘减小，在离

中心的距离为 r 处的振幅降落数值为中心处数值的 $1/e$。

定义 r 为基模光斑半径,理论上可以证明 r 的表达式为

$$r = \sqrt{x^2 + y^2} = \sqrt{\frac{L\lambda}{\pi}} \tag{2-1}$$

上式表明,基模高斯光束某一横截面上的光斑半径 r 只与腔长 L 和激光波长 λ 有关。

3) 基模高斯光束传播规律

基模高斯光束光斑半径 r 会随传播距离 z 的变化而按照双曲线规律变化,可以用发散角 θ 来描述高斯光束的光斑直径沿传播方向 z 的变化趋势,如图 2-11 所示。

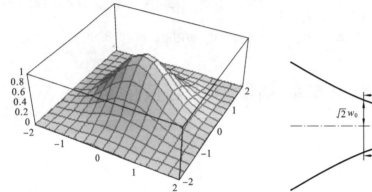
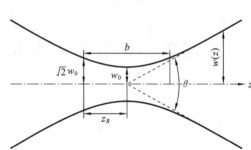

图 2-10　基模高斯光束振幅示意图　　　　图 2-11　高斯光束传播示意图

当 $z=0$ 时,发散角 $\theta=0$,光斑半径最小,此时称为高斯光束的束腰半径,束腰半径小于基模光斑半径。

当 $z=$ 光束准直距离 z_R 时,发散角 θ 的值最大。

当 $z=$ 无穷远时,发散角 θ 的值将趋于一个定值,称为远场发散角。

在许多激光器的使用手册上可以查到某类激光器的基模光斑半径、准直距离、远场发散角 θ 等数据。

4) 基模高斯光束聚焦强度

理论上可以证明,若激光光路中聚焦镜的直径 D 为高斯光束在该处的光斑半径 $w(z)$ 的3倍,则激光光束 99% 的能量都将通过此聚焦镜聚焦在激光焦点上,并获得很高的功率密度,所以,激光加工设备的聚焦镜直径不大,焦点处的激光光束功率密度却很高。

脉冲激光光束功率密度可达 $10^8 \sim 10^{13}$ W/cm^2,连续光束功率密度也可达 $10^5 \sim 10^{13}$ W/cm^2,满足了材料加工对激光功率的要求。

5) 基模高斯光束焦点

激光光束经过透镜聚焦后,其光斑最小位置称为激光焦点,如图 2-12 中的 d 所示。

焦点光斑直径 d 的表达式为

$$d = 2f\lambda/D \tag{2-2}$$

式中:f 为聚焦镜片的焦距;D 为入射光束的直径;λ 为入射光束的波长。

由此可以看出,焦点的光斑直径 d 与聚焦镜焦距 f 和激光波长 λ 成正比,与入射光束的直径 D 成反比,减小焦距 f 有利于缩小光斑直径 d。但是 f 减小,聚焦镜与工件的间距也会

缩小,加工时产生的废气、废渣会飞溅和黏附在聚焦镜表面,影响焊接效果及聚焦镜的寿命,这也是大部分激光加工设备要使用扩束镜的原因。

如果导光聚焦系统能设计为 $f/D \approx 1$,则焦点光斑直径可达到 $d = 2\lambda$,这说明基模高斯光束经过理想光学系统聚焦后,焦点光斑直径可以达到波长的 2 倍。

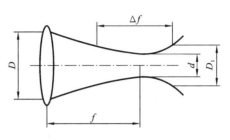

图 2-12 激光焦点图示

6)基模高斯光束聚焦深度

焦点的聚焦深度是该点的功率密度降低为焦点功率密度一半时,该点离焦点的距离,如图 2-12 中的 Δf 所示。

聚焦深度 Δf 的表达式为

$$\Delta f = 4\lambda f^2 / \pi D^2 \qquad (2\text{-}3)$$

由此可知,聚焦深度 Δf 与激光波长 λ 和透镜焦距 f^2 成正比,与入射光束的直径 D^2 成反比。

综合起来看,要获得聚焦深度较深的激光焦点,就要选择较长焦距的聚焦镜,但此时聚焦后的焦点光斑直径也相应变粗,光斑大小与聚焦深度是一对矛盾值,在设计激光导光及聚焦系统时,要根据具体要求合理选择。

3. 激光光束时域特性参数概述

1)脉冲激光波形和脉宽

图 2-13 是重复频率为 1 Hz 时测量到的某一类灯泵浦脉冲激光器在调 Q 前和调 Q 后的激光波形。

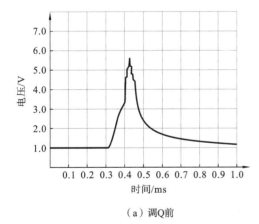

(a)调Q前

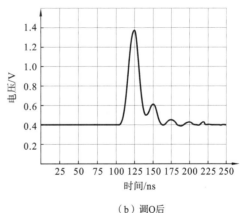

(b)调Q后

图 2-13 脉冲激光波形

重复频率是脉冲激光器单位时间内发射的脉冲数,如重复频率为 10 Hz 就是指每秒钟发射 10 个激光脉冲。

脉冲激光器脉宽是脉冲宽度的简称,可以简单理解为每次发射一个激光脉冲时的激光脉冲的持续时间。脉冲激光器脉宽因激光器不同而不同,从图 2-13(a)中可以看出,调 Q 前激光脉冲的持续时间约为 0.1 ms,调 Q 后激光脉冲的持续时间约为 20 ns,只相当于原来时间的 1/5000，如果不考虑功率损失，调 Q 后的激光峰值功率提高了近 5000 倍。

脉冲激光器脉宽可以在很大范围内变化，长脉冲激光器脉宽大约在毫秒级，短脉冲激光器脉宽大约在纳秒级，超短脉冲激光器脉宽大约在皮秒和飞秒级。

各类脉冲激光器在工业部门有着不同的应用，如图 2-14 所示。

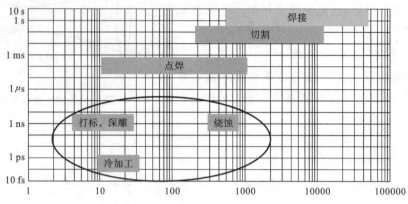

图 2-14 脉冲激光器的不同应用

2）激光功率与能量

激光功率与能量是表明激光有无和激光强弱的两个相互关联的名词。

脉冲激光器以重复频率发射激光，激光强弱以每个激光脉冲做功的能量大小来度量比较直观和方便，单位是焦耳(J)，即每个脉冲做功多少。

连续激光器连续发光，激光强弱以每秒钟做功多少来度量比较直观和方便，单位是瓦特(W)，即单位时间内做功多少。

瓦和焦耳的关系是 $1\ \mathrm{W}=1\ \mathrm{J/s}$，所以激光功率与能量是可以相互换算的。

例如一台脉冲激光器，单次脉冲能量是 1 J，重复频率是 50 Hz(即每秒钟发射激光 50 次)，每秒钟内做功的平均功率为 $50\times 1\ \mathrm{J}=50\ \mathrm{J}$，平均功率就换算为 50 W。

对脉冲激光器而言，计算每个激光脉冲的峰值功率更有实际意义，它是每次脉冲能量与激光脉宽之比。

例如一台脉冲激光器，脉冲能量是 0.14 mJ/次，重复频率是 100 kHz(即每秒钟发射激光 10^5 次)，每秒钟内做功的平均功率为 $0.14\ \mathrm{mJ}\times 10^5=14\ \mathrm{J}$，平均功率为 14 W。若脉宽为 20 ns，则峰值功率为 0.14 mJ/20 ns＝7000 W，可以看出，脉冲激光器的峰值功率要比平均功率大得多。

在激光加工设备的制造和使用中，有时既要计算脉冲激光的峰值功率，又要计算脉冲激光的平均功率。

例如，某台脉冲激光器使用 ZnSe 镜片，激光损伤阈值为 $500\ \mathrm{MW/cm^2}$，脉冲激光器脉冲能量为 $10\ \mathrm{J/cm^2}$，脉宽为 10 ns，重复频率为 50 kHz，则平均功率为 $10\ \mathrm{J/cm^2}\times 50\ \mathrm{kHz}=0.5\ \mathrm{MW/cm^2}$，峰值功率为 $10\ \mathrm{J/cm^2}/10\ \mathrm{ns}=1000\ \mathrm{MW/cm^2}$，从激光器的平均功率看，该镜片是不会损伤的，但从峰值功率看，峰值功率是大于该镜片的激光损伤阈值的，所以该镜片不能用于此脉冲激光器。

4. 激光光束频谱特性参数概述

激光光束频谱特性参数包括波长、谱线宽度和轮廓、频率稳定性和相干性等，在前文已经做了介绍,这里不再赘述。

激光光束频谱特性参数的测量一般在科研院所研制新型激光器之类的工作中才可能用到,一般的激光加工设备制造和使用厂家也很少用到,这里不再赘述。

2.2.2 电光调 Q 激光器静/动态特性测量方法

1. 电光调 Q 激光器的组成

利用电光调 Q 激光器,既可以测量时域激光光束参数中的脉冲波形和峰值功率,又可以测量空域激光光束参数中的激光光斑直径、焦距和光斑模式,是了解激光光束参数的极佳实训平台,电光调 Q 激光器结构示意图如图 2-15 所示。

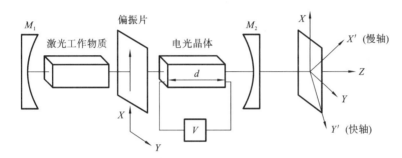

图 2-15 电光调 Q 激光器结构示意图

2. 电光调 Q 激光器的静态特性

YAG 晶体在氙灯光泵浦下发射自然光,通过偏振片后变为线偏振光,如果电光调制晶体(例如 KDP 光电晶体)上未加电压 U,光子沿光轴通过晶体后,其偏振状态不发生变化,经全反射镜 M_1 反射后,再次通过调制晶体和偏振片,从部分反射镜 M_2 逸出,电光 Q 开关处于"打开"状态,相当于一个普通的重复频率脉冲激光器。

此时若在部分反射镜 M_2 端(激光输出端)装上光电二极管传感器与示波器,就可以测试该激光器调 Q 前的脉冲波形,再装上能量计测试出单脉冲能量,还可以计算出调 Q 前单脉冲峰值功率,上述参数称为电光调 Q 激光器的静态特性。

3. 电光调 Q 激光器的动态特性

如果在调制晶体上施加电压,由于纵向电光效应,当线偏振光通过晶体后,经全反射镜反射回来,再次经过调制晶体,偏振面相对于入射光偏转了 $90°$,偏振光不能再通过偏振片,电光 Q 开关处于"关闭"状态,此时激光器进入电光调 Q 状态。

如果在氙灯刚开始点燃时事先在调制晶体上加电压,使谐振腔处于"关闭"的低 Q 值状态,阻断激光振荡形成。待激光上能级反转的粒子数积累到最大值时,快速撤去调制晶体上的电压,使激光器瞬间处于"打开"的高 Q 值状态,就可以产生雪崩式的激光振荡输出一个巨脉冲。

此时若在部分反射镜 M_2 端(激光输出端)装上雪崩二极管与示波器,就可以测试该激光器调 Q 后的脉冲波形,再装上能量计测试出单脉冲能量,就可以计算出调 Q 后单脉冲峰值功率,上述参数称为电光调 Q 激光器的动态特性。

4. 电光调 Q 激光光束特性测试系统

电光调 Q 激光光束特性测试系统如图 2-16 所示,光电二极管与示波器一路可以测试激光器的静态特性,雪崩二极管与示波器一路可以测试激光器的动态特性,M 为部分反射镜。

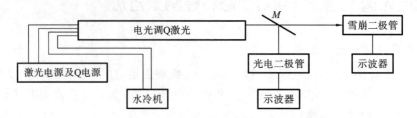

图 2-16　电光调 Q 激光光束特性测试系统示意图

5. 电光调 Q 激光器静态特性测试过程

打开激光电源点亮氙灯,选择重复频率为 1,在不加 Q 电源的情况下,调整光电二极管的位置与示波器的状态,可在示波器上观察到氙灯发光波形,如图 2-17(a)所示,此时对应的工作电压约为 380 V。

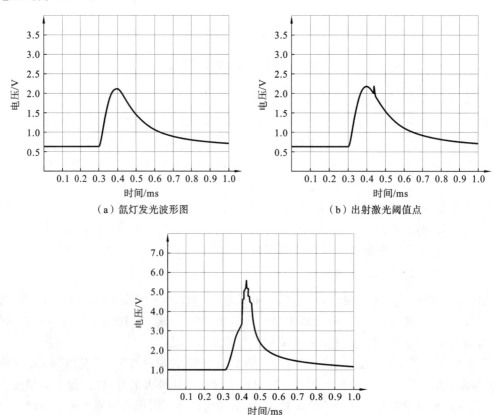

（a）氙灯发光波形图　　　　　（b）出射激光阈值点

（c）静态激光脉冲的驰豫振荡状态

图 2-17　电光调 Q 激光器静态特性测试结果

加大工作电压,可以测试到激光器的出射激光阈值点,即激光器产生激光所需的最低电压值,如图 2-17(b)所示,此时对应的工作电压约为 400 V(不同激光器有所不同)。

继续加大工作电压,可观察到静态激光脉冲的弛豫振荡现象,如图 2-17(c)所示,此时对应的工作电压为 450 V。

6. 电光调 Q 激光器动态特性测试过程

1)调 Q 晶体关断电压调试

在激光器静态特性调试结果正常的状态下,给 KDP 光电晶体上加上电压并调节电压使静态激光波形完全消失。

微微调高激光器的工作电压,观察静态激光波形,再调节 KDP 光电晶体的电压使静态激光波形完全消失。

再次调节激光器的工作电压,重复上述过程,直至激光器工作电压无法再调高,此时 KDP 光电晶体的电压即为调 Q 晶体关断电压。

2)调 Q 延迟时间

在激光关断的情况下,给出退压信号,此时激光以调 Q 脉冲方式输出。

使用激光能量计,调节退压信号延迟旋钮找出激光输出的最大位置,此时即为调 Q 最佳延迟时间,此时可以通过示波器获得调 Q 激光器动态特性测试的波形图。

3)激光器动态特性测试结果

用光电二极管与示波器测试到的激光调 Q 波形图如图 2-18(a)所示,改用雪崩二极管与示波器测试到的激光调 Q 波形图如图 2-18(b)所示。

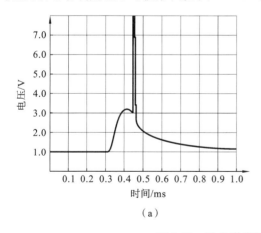

(a)

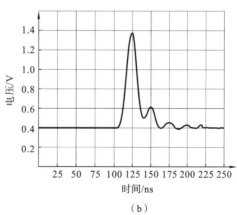

(b)

图 2-18 调 Q 激光器动态特性测试结果

可以看出,在最佳调 Q 延迟时间对应状态下,调 Q 激光脉冲脉宽约为 15 ns,比未调 Q 激光脉冲脉宽缩小了近千倍。

值得注意的是,激光脉冲宽度为 5~100 ns 时,示波器的使用带宽为 100~500 MHz,最好是使用记忆示波器,当激光脉冲宽度短到 1 ns 以下时,则要使用高速电子光学条纹照相或双光子吸收荧光法和二次谐波强度相关法等测量技术。

2.2.3 激光功率/能量测量

1. 激光功率/能量测量知识

1) 功率/能量测量方法

激光功率/能量的测量方法有两类,一种是信号获取采用光热转换方式的直接测量法,另一种是信号获取采用光电转换方式的间接测量法。

直接测量法选用全吸收型探头让激光全部照射进探头中,激光与吸收体充分作用,再用热电传感器测试吸收体的温升,从而得到吸收体的激光能量值,此种方法的光谱响应曲线平坦、测量精度较高,但成本高、响应时间长,难以做实时监测用。

直接测量法中用到的光热激光功率/能量探头是一个涂有热电材料的吸收体,热电材料吸收激光能量并转化成热量,导致探头温度变化产生电流,电流再通过薄片环形电阻转变成电压信号传输出来,如图 2-19 所示。

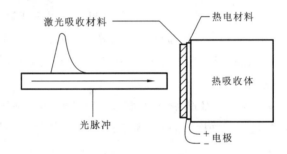

图 2-19 光热激光功率/能量探头示意图

间接测量法选用光电激光功率/能量探头让激光信号转换为电流信号,再转化为与输入激光功率/能量成正比的电压信号完成能量的测量,如图 2-20 所示。此种方法探测灵敏度高、响应速度快、操作方便,因而市场占有率高。

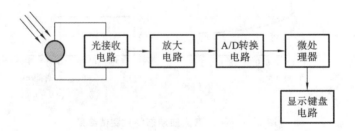

图 2-20 光电激光功率/能量探头示意图

2) 功率/能量测量方式

激光功率/能量的测量方式有两类,一类是连续激光功率测量(常用功率计测量激光功率,也可以用测量一定时间内的能量的方法求出平均功率),另一类是脉冲激光能量测量(常用能量计直接测量单个或多个脉冲的能量,也可以用快响应功率计测量脉冲瞬时功率,并对时间积分,从而求出能量)。

激光功率/能量测量装置是由探头和功率/能量计组成的,如图 2-21 所示。

图 2-21 激光功率/能量计与探头的连接

功率/能量测量方式的区别只是使用了不同的功率/能量探头和不同的功率/能量计,如图 2-22 所示。

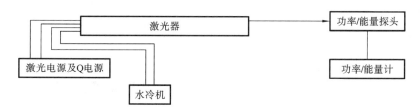

图 2-22 激光功率/能量测量方式

激光功率计探头有热电堆型、光电二极管型,以及包含两种传感器的综合探头,激光能量计有热释电传感器和热电堆传感器。

探头的选择取决于激光光束的类型及参数,如是连续激光还是脉冲激光、激光功率/能量的范围是多少、激光光束的波长范围等,没有一款探头能适应所有的激光测试条件。

由于探头种类较多,可以通过厂商提供的筛选软件来选择使用合适的探头。为了避免强激光的损害,激光功率/能量探头前还可以选配各种形式的衰减器。

2. 激光光束功率/能量测量技能训练

1)测量探头选择方案

(1)适用能量范围。选择探头首先应该考虑探头适用的能量范围,热电探头可工作在毫焦到上千焦量级,热释电探头工作在微焦到几百毫焦量级,光电探头可以工作在微焦量级及以下。

(2)工作频率。热电探头适用于单脉冲激光的测量,热释电探头适用于低频重复脉冲激光的测量,光电探头适用于各种频率脉冲激光的测量。

(3)光谱响应。热电和热释电探头通常具有宽光谱响应,并在一定的波长范围内保持一致,光电探头会因激光波长的不同而具有不同的响应灵敏度。

(4)激光损伤阈值。高功率连续激光和高峰值功率的短脉冲或重复频率的脉冲激光均会对探头造成损伤,在进行激光功率/能量测量时需要同时考虑激光的峰值功率损伤和激光能量损伤,并且需对特定的测试进行激光功率或能量密度的计算。

(5)光斑直径。激光光斑直径与激光探头口径应尽量对应。

2)激光功率/能量计的外观与界面功能简介

(1)理波 842-PE 激光功率计前面板的主要按键的功能如图 2-23 所示。

(2)激光功率/能量计实时主界面菜单,如图 2-24 所示。

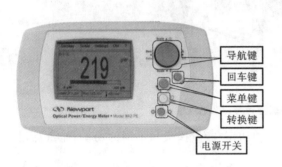

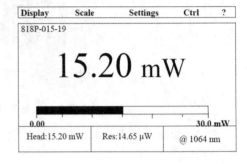

图 2-23　理波 842-PE 激光功率计前面板的主要按键　**图 2-24　激光功率/能量计实时主界面菜单**

(3)激光功率/能量计脉冲能量等级预置界面下拉菜单,如图 2-25 所示。

(4)激光功率/能量计参数设置界面下拉菜单,如图 2-26 所示。

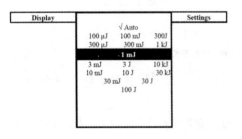

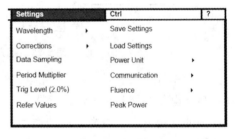

图 2-25　激光功率/能量计脉冲能量　　　**图 2-26　激光功率/能量计参数**
　　　等级预置界面下拉菜单　　　　　　　**设置界面下拉菜单**

3)激光能量测量的基本步骤

(1)开启激光能量计,预热,进入主界面,选定测试激光对应的波长,预置激光最大能量。

(2)将能量计探头对准激光出光口。

(3)选择激光设备的重复频率,一般为 1 Hz,选择激光出光参数,测量激光单脉冲能量。

(4)记录单脉冲能量,计算给定脉宽下的激光峰值功率是否满足要求。

4)激光功率测量的基本步骤

激光功率测量步骤与激光能量测量步骤基本一致。

(1)开启激光功率计,预热,进入主界面,选定测试激光对应的波长,预置激光最大功率。

(2)将功率计探头对准激光出光口。

(3)选择激光设备的连续出光方式和出光参数,测量平均功率。

(4)记录各参数,完成激光功率的测试。

2.2.4　激光光束焦距确定方法

1. 激光光束焦点与聚焦镜的理论距离

在激光加工设备的光路系统中,激光光束焦点与聚焦镜的距离理论上可以由式(2-4)确定,如图 2-27 所示。

$$l_2 = f + (l_1 - f) \frac{f^2}{(l_1 - f)^2 + \left(\dfrac{\pi \omega_0^2}{\lambda}\right)^2} \qquad (2\text{-}4)$$

式中:l_2 为激光焦点与聚焦镜的距离,即激光光束焦距;f 为聚焦镜的焦距;ω_0 为激光光束入射聚焦镜前的束腰半径;l_1 为光束入射聚焦镜前与聚焦镜的距离;λ 为激光光束波长。

在通常情况下,由于 $l_1 > f$,所以激光光束焦点与聚焦镜的理论距离比聚焦镜的焦距远一点,但二者在数值上很接近,即 $l_2 \approx f$。

图 2-27　激光光束焦距示意图

2. 激光光束焦点位置的实际确认方法

在实际工作中通过下列方法确定激光光束焦点的位置。

1) 定位打点法

将一张硬纸板放在激光头下,用焦距尺调整激光头到硬纸板的高度,如图 2-28(a)所示。按激光键发出脉冲激光,通过比较激光头不同高度打出点的大小不同找出最小点,此时的高度即为激光光束焦点,如图 2-28(b)所示。因此,高度为 9 mm 时激光斑点最小,焦距为 9 mm。

移动 20 次共打孔 20 个,z 轴高度升高 20 mm,观察这 20 个孔可以发现孔的直径是从大到小,然后又从小到大逐渐变化的,孔的直径最小的位置就是焦点的位置,这个位置处纸板与聚焦镜的距离就是实际的激光光束的焦点,如图 2-28 所示。

(a)

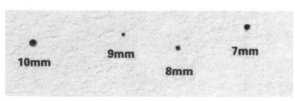
(b)

图 2-28　定位打点法示意图

2) 斜面焦点烧灼法

将平直的木板斜放在工作台上,斜度大约为 $10°\sim20°$。确定加工起始点后,让工作台沿 x 轴或 y 轴连续水平移动一段距离,并让激光器输出连续激光,这时可以看到木板上有一条

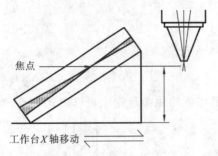

焦点

工作台 X 轴移动

图 2-29 斜面焦点烧灼法示意图

从宽变窄,又从窄变宽的激光光束的烧灼痕迹,痕迹最窄处即为焦点位置,测量这个位置处木板到聚焦镜片的距离,这个位置就是实际的激光光束的焦点位置,如图2-29所示。

3) 直接烧灼法

手持一块平直的木板,使其与工作台面呈 85°角,把 z 轴提高到聚焦镜距离工作台表面大约 1.5 倍焦距的位置,打开激光器连续输出激光光束,水平快速移动木板到聚焦镜下方,可以看到木板表面有一条从宽变窄,又从窄变宽的激光光束聚焦前后的烧灼痕迹,这个痕迹与激光光束聚焦过程的变化非常接近,痕迹最窄处为焦点的位置,测量这个位置处木板到聚焦镜片的距离,这个位置就是实际的激光光束的焦点位置。

这种方法需要人工操作,所以特别需要注意安全,以免造成对人体的伤害。

2.2.5 激光光束焦深确定方法

光轴上某点的光强降低至激光焦点处的光强的一半时,该点至焦点的距离则为光束的聚焦深度。关系式为

$$z = \frac{\lambda f^2}{\pi w_1^2} \tag{2-5}$$

式中:λ 为激光波长;f 为聚焦镜焦距;w_1 为光束入射到聚焦镜表面上的光斑半径。

由式(2-5)可知,聚焦深度与激光波长 λ 和聚焦镜焦距 f^2 成正比,与入射到聚焦镜表面上的光斑半径 w^2 成反比。

如在深孔激光加工以及厚板的激光切割和焊接中,要减少锥度,则需要较大的聚焦深度。

3

激光焊接机主要器件连接知识与技能训练

3.1 激光焊接机常用的激光器知识

3.1.1 氙灯泵浦激光器及其控制方式

1. 氙灯泵浦激光器的工作原理

氙灯泵浦激光焊接机采用氙灯泵浦激光器作为光源。

氙灯泵浦激光器采用脉冲氙灯作为激励源,掺钕钇铝石榴石(ND：YAG)晶体作为工作物质,激励源使工作物质产生能级跃迁并释放出具有一定波长的激光,激光在全反射镜和部分反射镜中来回振荡放大,并形成波长为1064 nm 的巨脉冲激光输出到工件上,如图3-1所示。

2. 氙灯泵浦激光器的主要器件

1)激光棒

激光棒是淡紫色的掺钕钇铝石榴石晶体,具有阈值低、热学性质优异的特点,适用于连续和高重复频率工作的场合。

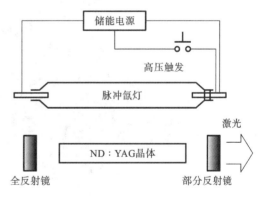

图 3-1 氙灯泵浦激光器结构示意图

2)脉冲氙灯

脉冲氙灯是惰性气体放电灯,其光谱特性与激光棒的吸收光谱相匹配,与打标机上用的连续氪灯相比具有更大的光强,它是电极头呈半圆形的脉冲发光光源,如图3-2所示。

脉冲氙灯的半圆形电极头部形状有利于承受更大的放电电流,在激光焊接机之类的峰值功率较大的激光设备上得到广泛应用。

图 3-2 脉冲氙灯示意图

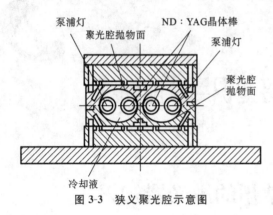

泵浦灯　　　　　　　ND：YAG晶体棒
聚光腔抛物面　　　　泵浦灯
　　　　　　　　　　聚光腔
　　　　　　　　　　抛物面
冷却液
图 3-3 狭义聚光腔示意图

3）聚光腔

聚光腔的主要功能是将泵浦辐射出的光最大限度地聚集到激光工作物质上，同时还有提供冷却液通道和灯、棒的固定场所的功能。

狭义的聚光腔单指聚光腔体和反射体两个部分，反射体内表面的横截面是一个椭圆，如双灯双棒聚光腔，如图 3-3 所示。

广义的聚光腔由不锈钢或非金属腔体、镀金或陶瓷反射体、滤紫外石英玻璃管（导流管）及有关接头、激光工作物质及其水密封零件、泵浦光源（氪灯或氙灯）及其水密封零件等主要部分组成，如图 3-4 所示。

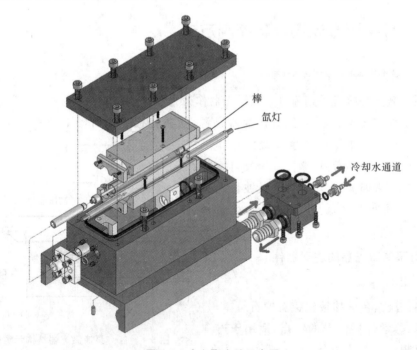

棒
氙灯
冷却水通道

图 3-4 广义聚光腔示意图

4）谐振腔

谐振腔由两个光学反射镜组成，置于激光工作物质的两端，其中一个反射镜的反射率接近 100%，称为全反射镜，另一个反射镜的反射率稍低些，称为部分反射镜，它可以部分反射激光并允许激光输出，又称为激光器窗口。全反射镜和部分反射镜有时分别称为高反镜和低反镜，有时称为全反射镜和部分反射镜。

3. 氙灯泵浦激光器的特点

氙灯泵浦激光器的优点是产生激光的波长属于红外光频段,振荡效率高、输出功率稳定、脉冲峰值功率高,脉冲波形使其适合做焊接机光源,整体结构如图3-5所示。

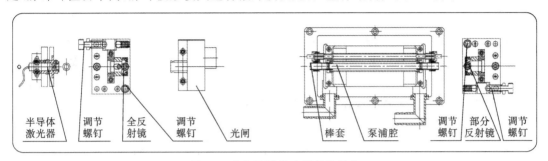

图 3-5　氙灯泵浦激光器整体结构

4. 氙灯泵浦激光器的主要参数及控制方式

氙灯泵浦激光器有单脉冲能量、激光重复频率和脉宽波形三个主要参数,在焊接机上通过专用脉冲激光电源来进行控制,如图3-6所示。

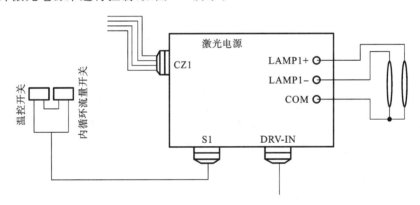

图 3-6　氙灯泵浦激光器控制方式

CZ1为脉冲激光电源三相供电电源接口,分别接三路相线和零线。S1接口是脉冲激光电源通用保护信号输入口,一般接温控开关和流量开关,触发保护时电源将停止工作。DRV-IN接口接外部控制信号,控制单脉冲能量、激光重复频率和脉宽波形三个主要参数。

三个主要参数的控制方式将在第3.2节详细介绍。

3.1.2　光纤激光器及其控制方式

1. 光纤激光器的基本结构

光纤激光器主要由三大部分组成。第一部分是能产生光子的掺稀土离子增益光纤,它既是光纤激光器的工作物质,又可以作为增益介质承担谐振腔的部分功能;第二部分是由半导体激光器产生的泵浦光源,又称种子光源,它从光纤激光器的左边腔镜耦合进入光纤;第三部分是由两个反射率经过选择的腔镜组成的光学谐振腔。光纤激光器基本结构如图3-7所示。

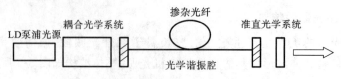

图 3-7 光纤激光器基本结构

从理论上说,只有泵浦光源和增益光纤是构成光纤激光器的必要组件,谐振腔的选模作用可以通过光纤的波导效应来解决,谐振腔的增加介质长度可以用加长光纤长度来解决,所以光纤激光器中的谐振腔不是物理意义上不可或缺的组件。但是一般希望光纤长度较短,所以多数情况下实际激光器结构还是通过谐振腔引入反馈。

2. 光纤激光器的工作原理

图 3-8 是双包层掺杂光纤激光器的工作原理示意图,LD 泵浦光源通过侧面或端面耦合进入光纤,双包层光纤由内包层和外包层组成,光纤外包层的折射率远低于内包层,所以内包层可以传输多模泵浦光。内包层的横截面尺寸大于掺稀土离子纤芯的,内包层和纤芯构成了单模光波导,同时又与外包层构成了多模光波导。大功率多模泵浦光从外包层耦合进入内包层,在沿光纤传输的过程中多次穿过纤芯并被吸收,纤芯中的稀土离子被激发产生大功率激光输出。

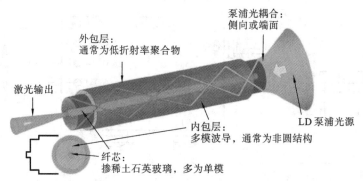

图 3-8 双包层掺杂光纤激光器的工作原理示意图

3. 光纤激光器的工作模式

1)光纤激光器分类

按输出激光的特性分类,光纤激光器有连续光纤激光器和脉冲光纤激光器两类,其中脉冲光纤激光器根据其脉冲形成原理又可分为调 Q 光纤激光器和锁模光纤激光器。

与氙灯泵浦激光器类似,调 Q 光纤激光器是在激光器谐振腔内插入 Q-开关调制器件,通过周期性改变谐振腔腔内的损耗实现脉冲激光输出,脉冲宽度可以达到 ns 量级。

锁模光纤激光器主要是对谐振腔内的振荡纵模进行调制得到超短脉冲激光,脉冲宽度可以达到 ps 或 fs 量级。

但是,调 Q 光纤激光器和锁模光纤激光器得到的脉冲能量太小,限制了其应用范围。

2)MOPA 光纤激光器

MOPA 光纤激光器采用主振荡功率放大器来实现高脉冲能量、高平均输出功率输出,如图 3-9 所示。

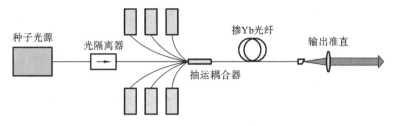

图 3-9 MOPA 光纤激光器示意图

MOPA 光纤激光器主要分两部分,左边是一个具有高光束质量输出的种子光源,右边是一级或几级光纤放大器,这两部分构成主振荡功率放大光源。

MOPA 光纤激光器获得的高能量脉冲激光与种子光源的激光波长、重复频率相同,波形形状和脉冲宽度也几乎不变。调 Q 光纤激光器和 MOPA 光纤激光器的参数指标和效果比较如图 3-10 所示。

激光器类型	Q-Switch Pulse	MOPA 光纤激光器
激光器型号	Q-Switch	YDFLP-20-M6-S
激光调制技术	Q-开关调制	电信号调制种子源
脉冲波形	不可调制	可通过调制信号控制波形
脉冲宽度	固定为 100 ns	2~250 ns
峰值功率	低,不可调制	高,可调制
脉冲频率	20~80 kHz	1~1000 kHz
首脉冲上升时间	慢,不可调制	快,可调制

图 3-10 调 Q 光纤激光器和 MOPA 光纤激光器参数指标和效果比较

MOPA 光纤激光器既可以用于脉冲点焊,也可以用于连续焊接加工,可以根据产品焊接要求的不同进行调节。值得注意的是,产品焊接质量主要与激光器的功率和光斑模式有关,与激光是否连续和脉冲关系不大。

4. 光纤激光器的激光功率控制

1)平均功率控制

光纤激光器的平均功率由泵浦光源功率控制,泵浦光源功率控制通过恒流电源进行,所以光纤激光器功率控制由恒流电源实现。

2)峰值功率控制

光纤激光器的峰值功率由调 Q 光纤激光器的 Q 频率或 MOPA 光纤激光器种子光源的频率控制,通过光纤激光器 CTRL 端口来实现,这里不再赘述。

3. 1. 3 CO_2 激光器及其控制方式

1. CO_2 激光器的工作原理

1)CO_2 激光器概述

CO_2 激光器以 CO_2 气体为工作物质,为了延长器件的工作寿命及提高输出功率,还加入

了 N_2、He、Xe、H_2、O_2 等其他辅助气体于放电管中与工作物质混合。当在放电管电极上加上适当的电源激励后就可以释放出激光。

CO_2 激光器有下面三种比较突出的优点。

(1) CO_2 激光器有比较大的功率和比较高的能量转换效率。

普通 CO_2 激光器可有几十、上百瓦的连续输出功率,横流 CO_2 激光器可有几十万瓦的连续输出,这远远超过了其他的气体激光器,脉冲 CO_2 激光器在能量和功率上也可与固体激光器媲美。CO_2 激光器的能量转换效率最高可达 $30\% \sim 40\%$,超过了一般的气体激光器。

(2) CO_2 激光器在 $10\ \mu m$ 附近有几十条谱线的激光输出,有利于各类材料的加工。

(3) CO_2 激光器的输出波长正好是大气窗口(即大气对这个波长的透明度较高),有利于它在大气中传播。

CO_2 激光器还具有输出光束的光学质量高、相干性好、线宽窄、工作稳定等优点,因此在激光打标、切割、打孔等材料加工中得到普遍应用。

2) CO_2 激光器的激励方式

CO_2 激光器主要采用电激励。

按照电源工作频率的不同,CO_2 激光器的电激励方式可分为直流(DC)激励、高频(HF)激励、射频(RF)激励和微波(MW)激励等方式。

各种电激励方式都有其优缺点,性能比较见表 3-1。

表 3-1   不同电激励方式的 CO_2 激光器性能比较

电源类型	直流(DC)	高频(HF)	射频(RF)	微波(MW)
	电阻限流	$20 \sim 150$ kHz	$1 \sim 150$ MHz	>1 GHz
器件体积	最差	一般	好	好
光电转化率	最差	一般	好	好
重复精度	好	好	好	好
放电电压	最差	一般	好	最好
器件寿命	最差	好	好	最好
注入功率密度	最差	好	好	最好
最大功率	最好	一般	好	差
脉冲输出	最差	好	好	好
稳定性	最差	好	好	最好
屏蔽要求	最好	一般	差	差
成本	最好	好	差	好
技术要求	最好	好	一般	最差

在焊接厚金属材料时通常采用的输出数千瓦功率的轴快流 CO_2 激光器是采用的射频激励方式。

2. 激光焊接用 CO_2 激光器

1）横流 CO_2 激光器

横流 CO_2 激光器的气体流动方向垂直于谐振腔的轴线。

横流 CO_2 激光器的输出功率高、光束质量低、价格较低，其主要用于材料的表面处理。

横流 CO_2 激光器可以采用直流激励和高频激励两种方式，激励电极置于平行于谐振腔轴线的等离子体区两边。

图 3-11 所示的是直流激励横流 CO_2 激光器示意图，图 3-12 所示的是高频激励横流 CO_2 激光器示意图。

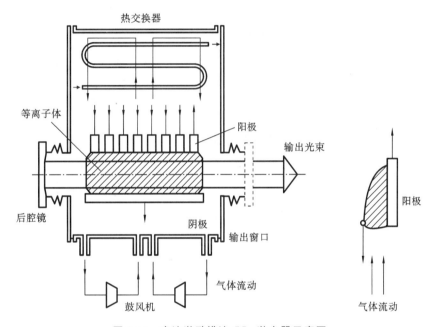

图 3-11　直流激励横流 CO_2 激光器示意图

2）轴流及轴快流 CO_2 激光器

轴流 CO_2 激光器气体的流动沿着谐振腔的轴线方向，输出功率范围从几百瓦到 20 kW，光束质量较好，是激光焊接常用的 CO_2 激光器之一，如图 3-13 所示。

利用鼓风机或涡轮风机实现气体快速轴向循环冷却的激光器称为轴快流 CO_2 激光器，其在实际加工中应用得更多。

轴快流 CO_2 激光器可以采用直流激励和射频激励两种方式。

图 3-14 所示的是直流激励轴快流 CO_2 激光器结构示意图，高压直流电源是激励源，电极位于放电管内。图 3-15 所示的是射频激励轴

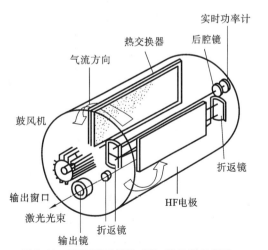

图 3-12　高频激励横流 CO_2 激光器示意图

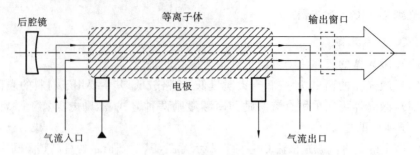

图 3-13 轴流 CO_2 激光器示意图

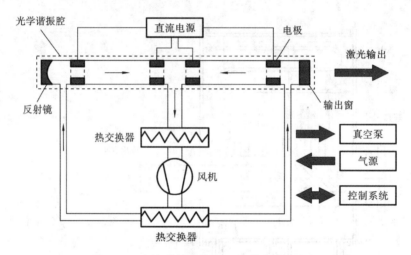

图 3-14 直流激励轴快流 CO_2 激光器示意图

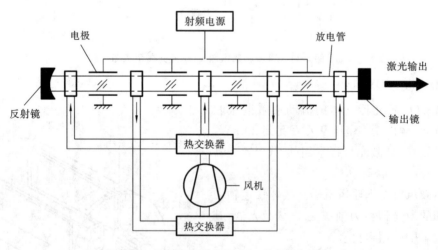

图 3-15 射频激励轴快流 CO_2 激光器示意图

快流 CO_2 激光器结构示意图,射频电源是激励源,电极位于放电管外。

两种激光器在结构上大体相同,都是由放电管、谐振腔、激励电源、高速风机和热交换器组成的,通过风机工作,气体在循环系统中进行高速流动,气流方向和激光器输出方向一致。

轴快流 CO_2 激光器的光束质量好、转换效率高,可实现连续、脉冲和超脉冲激光的输出。

3）板条式扩散冷却 CO_2 激光器

板条式扩散冷却 CO_2 激光器是气体封闭射频激励激光器，气体放电发生在两个面积比较大的铜电极之间并采用水冷方式来冷却电极散热，能得到相对较高的输出功率密度，且激光光束质量高，如图 3-16 所示。

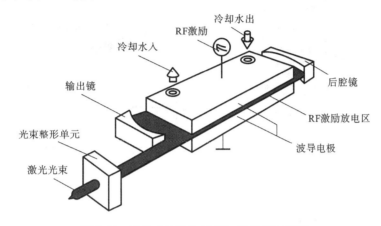

图 3-16　板条式扩散冷却 CO_2 激光器示意图

板条式扩散冷却 CO_2 激光器的原始输出光束为矩形，需要在外部用一个水冷反射光束整形器件将其整形为一个圆形对称的激光光束。

板条式扩散冷却 CO_2 激光器不像气体流动式 CO_2 激光器那样必须时时注入新鲜的激光工作气体，而是将一个约 10 L 的圆柱形容器安装在激光头中来储藏激光工作的气体，通过外部的激光气体供应装置和气体储气翅交换器就可以持续工作一年以上。

3.1.4　碟片激光器及其控制方式

1. 碟片激光器的激光工作物质

碟片激光器的激光工作物质的形状像个薄的圆盘，所以又称圆盘激光器。

固体激光工作物质一般做成圆柱棒形状从侧面进行泵浦和冷却，侧面冷却通过棒的径向热传导实现，棒内温度呈抛物线分布形成热透镜效应影响光束质量，如图 3-17(a) 所示。

功率越大，热透镜效应越明显，热透镜焦距越短，激光甚至可能由稳态变为非稳态。

碟片激光器将传统的固体激光器的棒状晶体改为碟片晶体，碟片厚度只有 $200~\mu m$ 左右，泵浦光从正面射入，晶体在背面冷却，由于晶体径厚比很大，可以得到及时有效的冷却，使得晶体内的温度分布非常均匀，从根本上解决了热透镜的问题，光束质量大大超过棒状系统，如图 3-17(b) 所示。

2. 碟片晶体的泵浦方式

将棒状晶体改为碟片晶体可以消除热透镜效应，但如果仍采用传统的泵浦激励方式，一束光仅照射工作物质一次，那么很难实现足够大的输出功率。

碟片激光器的实际结构由泵浦光束、晶体、各类反射镜、谐振腔和输出耦合镜组成，并

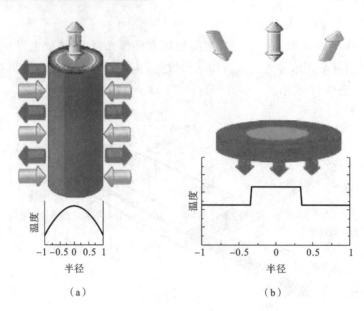

图 3-17 棒状和碟片状工作物质温度分布示意图

装有功率实时反馈控制系统,激光器的最大功率与单个碟片晶体数量成正比,如图 3-18 所示。

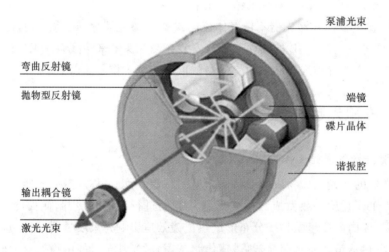

图 3-18 碟片激光器的实际结构

由二极管阵列组成的泵浦模块发射泵浦光束,经准直后进入谐振腔内的抛物型反射镜聚焦在晶体上,被晶体吸收一部分后,透射的那部分光被晶体背面高反射镀层反射,又被晶体吸收一部分,然后入射到腔内的棱镜上,再由抛物型反射镜和其他反射镜聚焦在晶体上。如此重复,使得一束泵浦光从泵浦模块发出、进入晶体腔体、离开晶体腔体的过程中途经激光晶体 20 次以上,泵浦光能量被激光晶体充分吸收,光-光转换效率高达 65%,整个工作过程如图 3-19 所示。

激光焊接机常用激光器的性能比较如表 3-2 所示。

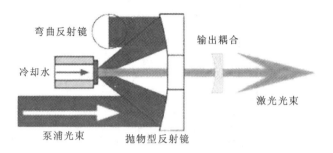

图 3-19　碟片激光器工作过程

表 3-2　激光焊接机常用激光器的性能比较

序号	内　容	光纤激光器	YAG 固体激光器	CO_2 激光器	碟片激光器
1	电光转换率	30％	3％	10％	15％
2	最大输出功率	50 kW	6 kW	20 kW	8 kW
3	半导体泵浦源寿命	10 万小时	1000 小时	5 万小时	1 万小时
4	每小时维护和操作费用	2 元	35 元	20 元	8 元
5	占地面积	1 m²	6 m²	3 m²	4 m²
6	维护	无	经常维护	维护	经常维护
7	激光稳定性	±2％	±3％	±2％	±2％
8	钢材激光吸收率	35％	35％	35％	12％
9	耗材	无	氙灯	补充气	泵浦源

3.2　氙灯泵浦激光器电源知识

3.2.1　氙灯泵浦激光器电源概述

1. 电路原理与实际电路框图

氙灯泵浦激光器电源由充电电路、储能及放电电路(主电路)、触发及预燃电路、控制电路、检测及保护电路组成,如图 3-20 所示。

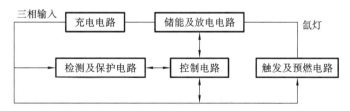

图 3-20　氙灯泵浦激光器电源原理框图

氙灯泵浦激光器电源实际电路框图如图 3-21 所示。

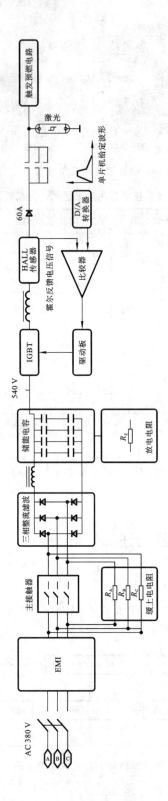

图3-21 氙灯泵浦激光器电源实际电路框图

充电电路由三相整流、滤波回路组成,AC 380 V 交流电源经过 EMI 滤波,三相整流变成 DC 540 V 直流电加到储能电容两端,为电容提供充电电源,其中的缓上电电阻 R_A、R_B、R_C 对储能电容起到保护作用。

储能电路一般由多个电解电容通过混联的方式组成,即单个电容串联组成单条回路,不同单条回路再并联在一起组成储能电路。电容串联时,总体电容量减少,回路耐压值增加。电容并联时,总体电容量增大,回路耐压值的增量不变。所以通过混联的方式组成的储能电路可以在高电压、大电流的情况下使用。

放电电路是将储能电容中的电能可控地放到脉冲氙灯上,采用大功率 IGBT 开关的放电电路。

触发及预燃电路有两个作用:触发电路的作用是使脉冲氙灯中的惰性气体在 16~20 kV 的高电压下产生电离,电极间建立起放电通道;预燃电路则是在回路导通后,使脉冲氙灯的两电极间保持 100~200 A 的放电电流,使触发后的放电通道能够稳定地维持下去,从而使储能电容中的电能能够很好地、重复性地通过灯管放电,并且可以大大延长脉冲氙灯的寿命。

触发电路和预燃电路往往连在一起。

2. 氙灯泵浦激光器的主要参数及控制原理

1) 单脉冲能量控制

如图 3-21 所示,储能电容经过 IGBT 开关对氙灯放电,IGBT 开关是受驱动板控制的大功率开关,HALL 传感器将流过氙灯的电流信号转换成电压信号,和 D/A 转换器发出的波形信号相比,D/A 转换器先将单片机内存储的设定的波形数字信号转换成模拟信号,再和 HALL 传感器反馈回来的信号进行比较。

当 HALL 传感器的输出电位低于 D/A 转换器的电位时,比较器输出高电平,驱动板驱动 IGBT 开关打开,电流上升,由于电感的存在,电流不能突变,只会缓慢地爬升,当电流超过给定值时,HALL 传感器的输出电位也将高于 D/A 转换器的电位,比较器输出低电平,驱动板驱动 IGBT 开关关闭,电流下降,达到了控制氙灯电流的目的,也就控制了氙灯的亮度,最终控制了激光光束的单脉冲能量。

2) 重复频率和脉宽控制

焊接机用氙灯泵浦激光器的重复频率和脉宽控制也是通过控制大功率 IGBT 开关的导通和截止时间来进行的,如图 3-22 所示。

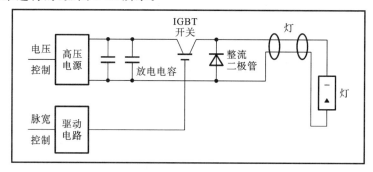

图 3-22 IGBT 开关控制电路原理框图

3.2.2　氪灯泵浦激光器电源工作过程

某台氪灯泵浦激光器的电源及其控制电路如图 3-23 所示,下面来分析它的工作过程。

1. 主电路(充、放电电路)工作过程分析

1)充电电路分析

380 V 交流电源经滤波器 DT_1 滤波、整流桥 ZL 后变成 540 V 直流电加到储能电容 C_1 和 C_2 两端,在充电过程中,R_1 和 J_4 要配合动作,如图 3-24 所示。

充电过程中 R_1 和 J_4 的变化过程如图 3-25 所示。在充电过程中,J_4 断开,电阻 R_1 作用,形成软启动过程保护电容。在充电结束时 J_4 工作,短接电阻 R_1,避免能量浪费。

在实际电源中,往往是多个充电电容并联又串联起来使用,如图 3-26 所示,电容两两串联后再进行并联。

因为三相(380 V)全波桥式整流(并加电容滤波)的输出电压是 $380 \times 1.414 \approx 540$ V,充电电容 C_1 和 C_2 的耐压值一般为 470 V 左右,不能满足要求,将 2 个电容串联后可以增加耐压值,但 2 个电容串联后总电容量减小,计算公式为:$1/C_串 = 1/C_1 + 1/C_2$,$C_串 = C_1 \cdot C_2/(C_1 + C_2) = C_1/2$,不得已只好再并联一对电容。

电容并联时,相当于电极的面积加大,电容量加大,总容量为各电容量之和。$C_并 = C_1 + C_2$。将原来串联的电容再并联,则 $C_并 = C_{串1} + C_{串2} = C_1/2 + C_2/2 = C$。

由此看出,4 个电容串并联相当于 1 个提高了耐压值的电容,图 3-26 中的 8 个电容串并联相当于 2 个提高了耐压值的电容。

2)放电电路分析

储能电容充电后经过 IGBT 驱动板控制放电电路对氪灯放电,如图 3-27(a)所示。可以将 IGBT 控制放电电路的工作原理简化成图 3-27(b),由此看出放电电路 IGBT 控制放电电路本质上是一个内阻很小的 RC 电路。

2. 触发及预燃电路工作过程分析

触发及预燃电路在实际工作中又称为高压点火电路,工作过程是先施加 1 万～2 万伏高压触发氪灯,再维持氪灯预燃状态,统称高压点火回路,如图 3-28 所示。

1)触发及预燃电路的充电电路分析

220 V 交流电源经过 5 倍升压变压器 BT_1 升压后大约为 1100 V,经过整流桥 ZL 变成 1600 V 的直流电加到储能电容 C_6、C_7 和 C_8 两端,如图 3-29 所示。

2)触发电路分析

触发电路的作用是在升压变压器 BT_9 的副边产生 2 万伏左右的高压点燃泵浦灯。如果升压变压器 BT_9 的升压比为 20,那么升压变压器 BT_9 的原边大约有 1000 V 的直流电压即可,恰好分配电阻 R_5 和 R_6 的大小即可以实现这个目的,如图 3-30 所示。

3)预燃电路分析

预燃电路的作用是维持氪灯的导通状态。可以将预燃电路简化成如图 3-31 所示的样子,由此看出预燃电路本质上是一个内阻较大的 RC 电路,它有效地降低了氪灯泵浦激光器等待出光时流经氪灯的电流,大大延长了氪灯的寿命。

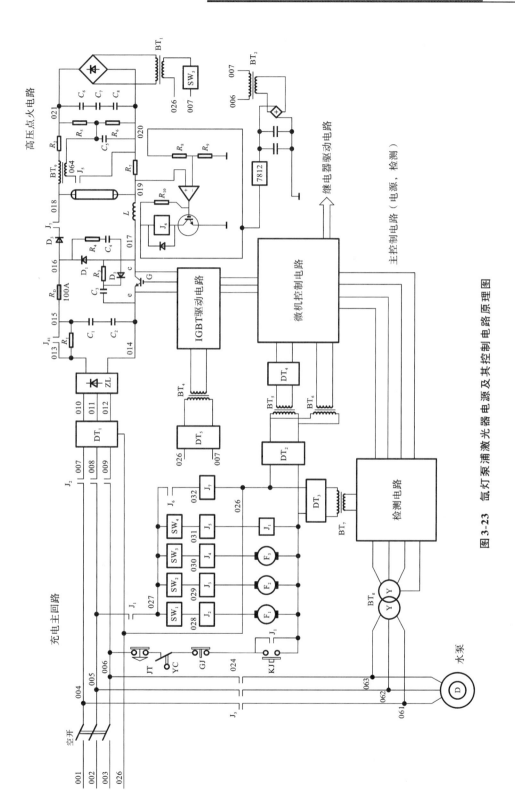

图 3-23 氙灯泵浦激光器电源及其控制电路原理图

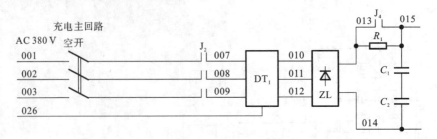

图 3-24 氙灯泵浦激光器电源充电电路

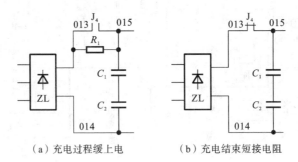

（a）充电过程缓上电　　　（b）充电结束短接电阻

图 3-25 充电过程中 R_1 和 J_4 的变化过程

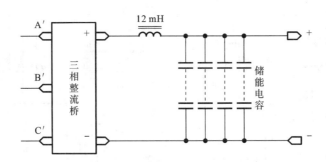

图 3-26 激光电源充电电容的并、串联

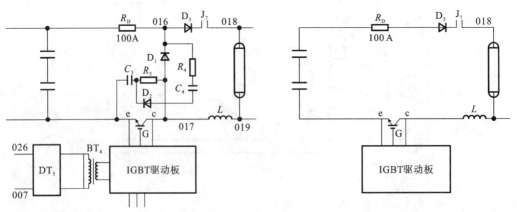

（a）储能充电后经过IGBT驱动板控制放电电路对氙灯放电　　　（b）IGBT控制放电电路工作原理简化图

图 3-27 氙灯泵浦激光器电源充电电路 IGBT 驱动放电回路

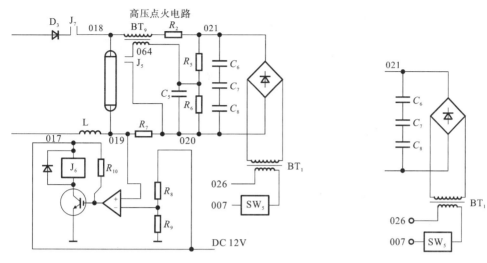

图 3-28　氙灯泵浦激光器电源的触发及预燃电路　　　图 3-29　触发及预燃电路的充电电路

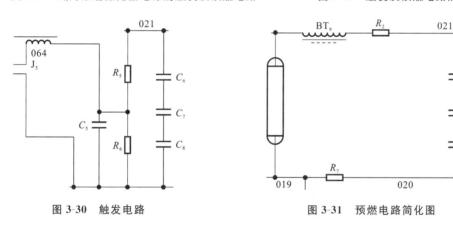

图 3-30　触发电路　　　　　　　　图 3-31　预燃电路简化图

3.3　光纤传导激光焊接机主机装调技能训练

3.3.1　线路连接工具

在激光焊接机的连接、装调、使用、维护和维修过程中常常要用到以下工具。

1. 数字万用表

1) 数字万用表的外观

数字万用表的外观如图 3-32 所示。

(1) Ω——电阻测量挡。

(2) V～——交流电压测量挡，V－——直流电压测量挡。

(3) F——电容测量挡。

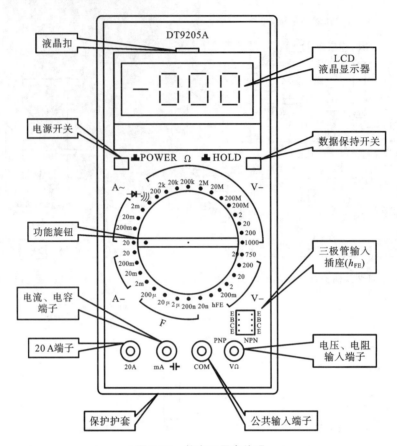

图 3-32　数字万用表外观

（4）A～——交流电流测量挡，A－——直流电流测量挡。

（5）二极管蜂鸣挡。

2）测量电压

（1）将黑色表笔插入 COM 端口，红色表笔插入 VΩ 端口。

（2）将功能旋钮打至 V～（交流）或 V－（直流），并选择合适的量程。

（3）红色表笔接触被测电路正端，黑色表笔接地或接负端，即与被测电路并联。

（4）读出 LCD 液晶显示器上的数字。

3）测量电阻

（1）关掉电路电源。

（2）选择电阻挡（Ω）。

（3）将黑色表笔插入 COM 端口，红色表笔插入 VΩ 端口。

（4）将表笔前端跨接在器件两端，或想测电阻的那部分电路两端。

（5）查看读数，确认测量单位——欧姆（Ω）、千欧（kΩ）或兆欧（MΩ）。

4）测量电流

（1）断开电路。

（2）黑色表笔插入 COM 端口，红色表笔插入 mA 或者 20A 端口。

（3）将功能旋钮打至 A～（交流）或 A－（直流），并选择合适的量程。

（4）断开被测电路，将数字万用表串联到被测电路中，被测电路中的电流从一端流入红色表笔，经万用表黑色表笔流出，再流入被测电路中。

（5）接通电路。

（6）读出 LCD 液晶显示器上的数字。

5）测量电容

（1）将电容两端短接，对电容进行放电，确保数字万用表的安全。

（2）将功能旋钮打至电容测量挡，并选择合适的量程。

（3）将电容插入万用表插孔。

（4）读出 LCD 液晶显示器上的数字。

6）二极管蜂鸣挡的作用

（1）判断二极管的好坏状态。二极管最重要的特性是单向导通性。

将功能旋钮打至—▷|—挡，红色表笔插在右一孔内，黑色表笔插在右二孔内，两支表笔的前端分别接二极管的两极，如图 3-33 所示，然后颠倒表笔再测一次。

图 3-33　判断二极管的好坏状态示意图

如果两次测量的结果是一次显示"1"字样，另一次显示零点几的数字，那么此二极管就是一个正常的二极管；假如两次显示都相同的话，那么此二极管已经损坏。LCD 上显示的数字即是二极管的正向压降，硅材料为 0.6 V 左右，锗材料为 0.2 V 左右，根据二极管的特性，可以判断此时红色表笔接的是二极管的正极，而黑色表笔接的是二极管的负极。

（2）线路通断短路检查。将功能旋钮打至—▷|— 挡，表笔位置同上，两表笔的另一端分别接被测两点，若此两点短路，则万用表中的蜂鸣器发出声响。

7）数字万用表的使用注意事项

（1）如果无法预先估计被测电压或电流的大小，则应先将功能旋钮打至最高量程挡测量一次，再视情况逐渐把量程减小到合适位置。测量完毕，应将功能旋钮打至最高电压挡，并关闭电源。

（2）满量程时，仪表仅在最高位显示数字"1"，其他位均消失，这时应选择更高的量程。

（3）测量电压时，应将数字万用表与被测电路并联。测电流时应与被测电路串联，测直流时不必考虑正、负极。

（4）当误用交流电压挡去测量直流电压，或者误用直流电压挡去测量交流电时，显示屏将显示"000"，或低位上的数字出现跳动。

（5）禁止在测量高电压（220 V 以上）或大电流（0.5 A 以上）时换量程，以防产生电弧，烧毁开关触点。

2. 剥线钳

1）剥线钳的外观与功能

剥线钳是用来剥离小直径导线的绝缘层的专用工具，其由钳头和手柄两部分组成，钳头

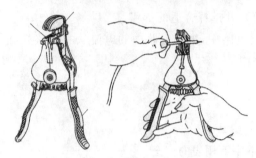

图 3-34　剥线钳的外观及使用

部分由压线口和规格不大于 6 mm² 的多个钳口构成的,用来剥离不同规格线芯的绝缘层。手柄上套有额定工作电压为 500 V 的绝缘套管,如图 3-34 所示。

　　使用时定好导线待剥离的绝缘层的长度,然后压拢手柄,绝缘层即剥离并自动弹出。

　　2)剥线钳的使用要点

　　(1)要根据导线直径,选用剥线钳刀片的孔径。

　　(2)根据缆线的粗细型号,选择相应的剥线刀口。

　　(3)将准备好的电缆放在剥线工具的刀刃中间,选择好要剥线的长度。

　　(4)握住剥线工具的手柄,将电缆夹住,缓缓用力使绝缘层慢慢剥落。

　　(5)松开手柄,取出电缆线,电缆金属整齐露出,其余绝缘塑料完好无损。

3. 压线钳

　　1)压线钳的外观与功能

　　压线钳用于压制线材以制造各类接线端子,压头形状种类繁多,如六角形、方形、椭圆形、月牙形、凹字形,如图 3-35 所示。

图 3-35　压线钳的外观及使用

　　2)压线钳的使用方法

　　(1)将导线进行剥线处理,裸线长度约 1.5 mm,与压线片的压线部位的长度大致相等。

　　(2)将压线片的开口方向向着压线槽放入,并使压线片尾部的金属带与压线钳齐平。

　　(3)将导线插入压线片,对齐后压紧。

　　(4)观察压线效果,掰去压线片尾部的金属带即可使用。

　　压线过程如图 3-36 所示。

4. 试电笔

　　1)试电笔的外观与功能

　　试电笔是用来测量物件是否带电的工具。

　　普通试电笔主要由笔尖金属体、电阻、氖管、小窗、弹簧和笔尾金属体组成,结构上有钢笔式、螺丝刀式、电子式等不同类型,如图 3-37 所示。

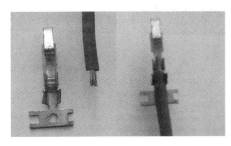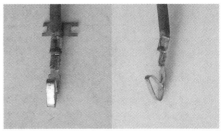

图 3-36 压线过程

用试电笔测试带电物体时,电流经带电体、试电笔、人体及大地形成通电回路,带电体与大地的电位差超过 60 V 时,试电笔中的氖管就会发光,电压范围为 60~500 V。

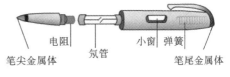

图 3-37 试电笔外观示意图

2)试电笔的使用方法

(1)使用前必须在有电源处对试电笔进行测试,确认正常方可使用。

(2)使用时手指必须触及笔尾的金属部分,氖管、小窗背光且朝向使用者。

(3)使用时要防止手指触及笔尖的金属部分,以免造成触电事故,如图 3-38 所示。

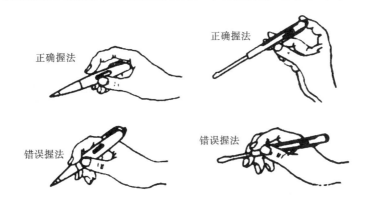

图 3-38 试电笔使用示意图

5. 电工刀

1)电工刀的外观与功能

电工刀是用来剖削电线线头、切割木台缺口、削制木榫的专用工具,其外形及使用方法如图 3-39 所示。

2)电工刀的使用方法

(1)电工刀的刀柄无绝缘保护,不能用于带电作业,以免触电。

(2)使用时应将刀口朝外剖削。切削导线的绝缘层时,应使刀面贴近导线,以免割伤线芯。

(3)使用时应该注意避免伤手,使用完毕应将刀身折进刀柄。

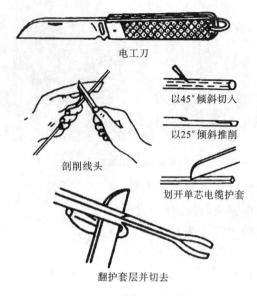

图 3-39　电工刀外观及使用示意图

6. 电烙铁及辅助工具

1) 电烙铁的外观与功能

电烙铁是最常用的元件焊接工具,为了方便焊接操作通常和尖嘴钳、偏口钳、镊子和小刀等辅助工具一起使用。电烙铁及辅助工具外观如图 3-40 所示。

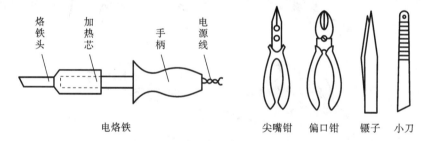

图 3-40　电烙铁及辅助工具外观

电烙铁有笔握法和拳握法两种,如图 3-41 所示。

焊接元件时常用内含松香助焊剂的焊锡丝焊料,如图 3-42 所示。

图 3-41　电烙铁握法示意图

图 3-42　焊锡丝焊料外形示意图

2）电烙铁的使用方法

（1）使用前应检查电源插头、电源线有无损坏，烙铁头是否松动。

（2）焊接较小元件时，时间不宜过长，以免损坏元件或绝缘。

（3）使用中不能用力敲击，当电烙铁头上的焊锡过多时，不可乱甩，以防烫伤他人。

（4）焊接完毕应拔去电源插头，将电烙铁置于金属支架上，防止烫伤或火灾的发生。

3.3.2　器件导线连接知识

1. 激光设备中常用导线种类

1）电源软导线和硬导线

软导线是由多股铜线组成的，适合用作中小功率激光设备和器件的电源线，如振镜、工控机等器件的电源线。硬导线是由单股铜线组成的，适合用作大中功率激光设备和器件的电源线，如激光器、冷水机组等器件的电源线。电源软、硬导线如图3-43所示。

2）信号屏蔽线

信号屏蔽线是使用金属网状编织层把信号线包裹起来的传输线，由编织层和屏蔽层组成，能够实现静电（或高压）屏蔽、电磁屏蔽的效果，有单芯、双芯和多芯等数种，一般用在1 MHz以下的场合适合用作中小功率激光设备的电源线和信号线。信号屏蔽线如图3-44所示。

图 3-43　电源软、硬导线示意图

图 3-44　信号屏蔽线示意图

3）扁平电缆线

扁平电缆线也称为排线，适用于额定电压450 V及以下的电气设备中，整齐不扭结，采用对插连接，没有焊接点，通常用作激光设备中的振镜、工控机等器件的信号连接线。扁平电缆线如图3-45所示。

4）双绞线

双绞线把两根绝缘的铜导线互相绞在一起，每一根导线在传输中辐射出来的电磁波会被另一根线上发出的电磁波抵消，有效降低了信号干扰的程度，通常用作激光设备中的振镜、工控机等器件的信号连接线。双绞线如图3-46所示。

图 3-45　扁平电缆线示意图

图 3-46　双绞线示意图

2. 导线连接的要求与方法

1）导线连接的基本要求

导线连接的基本要求是连接牢固可靠、接头电阻小、机械强度高、耐腐蚀、耐氧化、电绝缘性能好。

2）导线连接的常用连接方法

常用的导线连接方法有绞合连接、紧压连接、焊接等。

（1）绞合连接。绞合连接是指将需连接导线的芯线直接紧密绞合在一起，铜导线常用于绞合连接。

① 单股铜导线的直接连接。先将两导线的芯线线头做 X 形交叉，再将它们相互缠绕 2～3 圈后扳直两线头，然后将每个线头在另一芯线上紧贴缠绕 5～6 圈后，剪去多余线头即可，如图 3-76 所示。

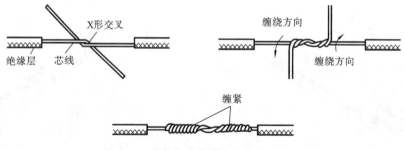

图 3-47　单股铜导线的直接连接示意图

② 大截面单股铜导线连接。先在两导线的芯线重叠处填入一根相同直径的芯线，再用一根截面约 $1.5~\mathrm{mm}^2$ 的裸铜线在其上紧密缠绕，缠绕长度为导线直径的 10 倍左右，然后将被连接导线的芯线线头分别折回，再将两端的缠绕裸铜线继续缠绕 5～6 圈后，剪去多余线头即可，如图 3-48 所示。

③ 不同截面单股铜导线连接。先将细导线的芯线在粗导线的芯线上紧密缠绕 5～6 圈，然后将粗导线芯线的线头折回紧压在缠绕层上，再用细导线芯线在其上继续缠绕 3～4 圈后，剪去多余线头即可，如图 3-49 所示。

④ 同一方向导线的连接。当需要连接的导线来自同一方向时，单股导线和多股导线可以采用以下方法连接。

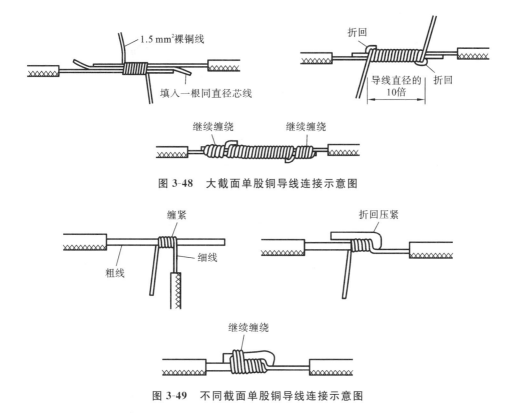

图 3-48 大截面单股铜导线连接示意图

图 3-49 不同截面单股铜导线连接示意图

对于单股导线,先将一根导线的芯线紧密缠绕在其他导线的芯线上,再将其他芯线的线头折回压紧即可,如图 3-50 所示。

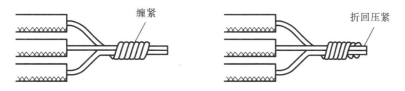

图 3-50 同一方向单股导线的连接方法示意图

对于多股导线,先将两根导线的芯线互相交叉,再绞合拧紧即可,如图 3-51 所示。

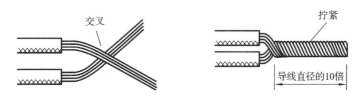

图 3-51 同一方向多股导线的连接方法示意图

对于单股导线与多股导线的连接,先将多股导线的芯线紧密缠绕在单股导线的芯线上,再将单股芯线的线头折回压紧即可,如图 3-52 所示。

（2）紧压连接。紧压连接是指用铜套管或铝套管套在被连接的芯线上,再用压接钳或压接模具压紧套管使芯线保持连接,如图 3-53 所示。

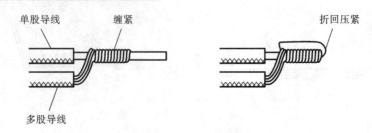

图 3-52 同一方向单股导线与多股导线的连接方法示意图

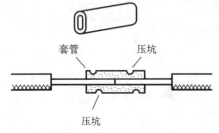

图 3-53 导线紧压连接示意图

紧压连接前先清除导线芯线表面和压接套管内壁上的氧化层和粘污物,确保接触良好。

(3) 焊接。导线焊接是指将焊料或导线本身熔化并相互融合从而连接导线。

在激光设备中,导线焊接连接一般采用锡焊,焊接前先清除铜芯线接头部位的氧化层,将待连接的两根导线先行绞合,再涂上助焊剂,用电烙铁蘸焊锡进行焊接,如图 3-54 所示。

3) 导线连接的绝缘处理

导线连接完成后要对已被去除绝缘层的部位进行绝缘处理。

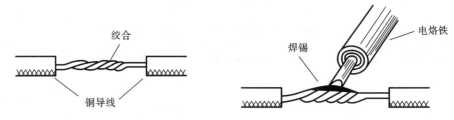

图 3-54 导线焊接连接示意图

导线连接处的绝缘采用绝缘胶带进行缠裹包扎处理,常用的绝缘胶带有黄蜡带、涤纶薄膜带、黑胶布带、塑料胶带、橡胶胶带等。宽度为 20 mm 的绝缘胶带使用较为方便。

导线连接的绝缘处理可按图 3-55 进行,先包缠一层黄蜡带,再包缠一层黑胶布带。将黄蜡带从接头左边的绝缘完好的绝缘层上开始包缠,包缠两圈后进入剥除了绝缘层的芯线部分,包缠时黄蜡带应与导线成 55°左右的倾斜角,每圈压叠带宽的 1/2,直至包缠到距离接头右边两圈绝缘完好的绝缘层处。然后将黑胶布带接在黄蜡带的尾端,按另一斜叠方向从右

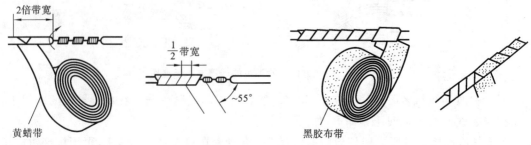

图 3-55 导线连接的绝缘处理

向左包缠,仍然每圈压叠带宽的 1/2,直至将黄蜡带完全包缠住。包缠处理中应用力拉紧胶带,注意不可稀疏,更不能露出芯线,以确保绝缘质量和用电安全。

对于 220 V 的线路,可不用黄蜡带,只用黑胶布带或塑料胶带包缠两层。在潮湿场所应使用聚氯乙烯绝缘胶带或涤纶绝缘胶带。

3.3.3 光纤传导激光焊接机技能训练概述

1. 技能训练方法

以激光设备制造企业的实际工作过程(即资讯、决策、计划、实施、检验、评价六个步骤)为导向,兼顾一体化课程的教学过程的组织要求,通过教学项目的实施过程掌握焊接机装调所涉及的主要知识点和技能点。

具体来说就是以 75 W 光纤传导激光焊接机整机安装调试过程为学习载体,使学生了解氪灯泵浦激光器的工作原理,学会安装调试光纤传导激光焊接机的主机和工作台的主要器件,学会调试光纤传导激光焊接机的光路系统,学会进行光纤传导激光焊接机的日常维护,学会排除光纤传导激光焊接机的常见故障,使学生掌握光纤传导中小型激光设备在安装调试过程中的基本知识和基本技能。

2. 装调技能训练项目分析

学会安装一台光纤传导激光焊接机并调试到符合出厂的技术要求,首先需要了解光纤传导激光焊接机的实际生产过程,再根据一体化课程的教学要求将实际生产过程分解为相对独立的教学项目。

总结大部分激光设备生产厂家的工艺文件可以发现,产生满足加工要求并长期稳定工作的激光光束是所有激光加工设备的核心要求,光纤传导激光焊接机的实际生产过程可以分解为以下几个相对独立的部分。

(1) 焊接机激光器系统的安装、连接与测试,主要目的是产生激光光束。

(2) 焊接机光路系统的安装、调试与性能测试,主要目的是使传导到工件上的激光器产生的激光光束满足加工工艺的要求。

(3) 焊接机工作台的安装、调试与性能测试,主要目的是使焊接机能够按照工件要求的路径长期稳定地工作。

3. 装调技能训练教学项目

根据以上分析,可以得出光纤传导激光焊接机技能训练是按照一体化课程教学的三个项目来完成技能训练的教学过程。

项目一:激光焊接机主机器件装调技能训练。
项目二:光纤传导激光焊接机激光光路系统部件装调技能训练。
项目三:光纤传导激光焊接机整机装调技能训练。

4. 主机器件装调技能训练教学项目的描述

某激光设备制造企业生产一台 75 W 光纤传导激光焊接机需要完成的主要工作任务有以下两项。

（1）安装、连接 75 W 光纤传导激光焊接机主机的电控系统元器件，形成焊接机主机的供电系统和电控系统，为激光电源和其他控制电源的安装连接打下基础。

（2）安装调试氙灯泵浦激光器，形成打标机激光器系统。

学习该项目，将会认识激光焊接机的总体结构，了解光纤传导激光焊接机的主要系统与元器件组成，会进行光纤传导激光焊接机主机电控系统和氙灯泵浦激光器系统的安装与调试。

5. 主机器件装调技能训练教学项目目标要求

1）知识要求

（1）了解 75 W 光纤传导激光焊接机的整机结构，以及主要零部件与元器件的型号、结构与功能。

（2）掌握氙灯泵浦激光器的工作原理、主要器件的功能。

2）技能要求

（1）会正确填写主机电控系统部件及相关元器件领料单、正确连接激光电源各端口。

（2）会正确填写氙灯泵浦激光器及相关元器件领料单、正确装配激光器。

（3）会正确进行焊接机通电和激光调试检测。

3）职业素养

（1）遵守设备操作安全规范，爱护实训设备。

（2）积极参与讨论，注重团队协作和沟通。

（3）及时分析总结本教学项目进展过程中的问题，撰写项目报告。

6. 主机器件装调技能训练教学项目资源准备

1）设施准备

（1）1 台 75 W 光纤传导激光焊接机样机（主流厂家产品）。

（2）5～10 套 75 W 光纤传导激光焊接机主机电控系统部件。

（3）5～10 套 75 W 光纤传导激光焊接机的氙灯泵浦激光器及与之对应的元器件。

（4）5～10 套品牌钳工工具包。

（5）5～10 套品牌电工工具包。

（6）合适的多媒体教学设备。

2）场地准备

（1）满足激光加工设备的工作温度要求。

（2）满足激光加工设备的工作湿度要求。

（3）满足激光加工设备的电气安全操作要求。

3）资料准备

（1）主流厂家的光纤传导激光焊接机的使用说明书。

（2）主流厂家的氙灯泵浦激光器的说明书。

（3）主流厂家的光纤传导激光焊接机的作业指导书。

7. 器件连接技能训练教学项目任务分解

根据项目一的描述，可以把激光焊接机主机器件装调技能训练教学项目再分解为两个相对独立的任务。

1) 任务 1

制作 75 W 光纤传导激光焊接机主机电控系统,连接激光电源和其他控制电源,主要目的是为后续系统提供电源。

2) 任务 2

安装氙灯泵浦激光器主要器件,主要目的是形成激光焊接机的激光器系统。

3.3.4　激光焊接机主机电控器件连接技能训练

激光焊接机主机电控器件连接技能训练的主要任务是连接焊接机主机的强电控制器件。第一步工作是进行主机电控器件的信息收集与分析,掌握主要器件及附件的品牌、规格、性能、价格与作用等。

选择主机电控器件的几个核心器件进行连接技能训练,如图 3-56 所示。

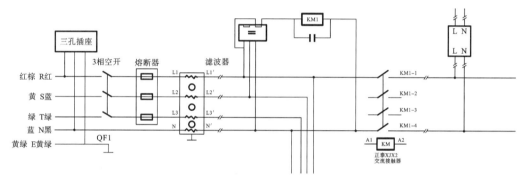

图 3-56　主机主要电控器件连接示意图

上述器件信息在教材的理论知识部分和作业指导书中都有叙述,只要将其搜集整理在下述表格中即可。

（1）搜集主机电控器件及连接信息,填写表 3-3 及表 3-4。

表 3-3　主机电控器件连接信息表

序　号	连接器件	主要信息
1	空气开关	连接功能:
	三孔插座	导线规格:
		连接方法:
2	空气开关	连接功能:
	保险熔断器	导线规格:
		连接方法:
3	保险熔断器	连接功能:
	滤波器	导线规格:
		连接方法:
4	交流接触器	连接功能:
	环型隔离变压器	导线规格:
		连接方法:

表 3-4 主机电控器件信息表

类型	序　号	名　　称	选型依据	供应商	规格型号	价格
主要器件	1	交流接触器				
	2	空气开关				
	3	接线排				
	4	保险熔断器				
	5	环型隔离变压器				
	6	滤波器				
	7	三孔插座				

（2）识别激光焊接机主机的电控器件装调的主要器件与材料，填写领料单。

① 领料单样板。

领料单是由领用材料的部门或人员（简称领料人）根据所需领用材料的数量填写的单据，主要内容有领用项目、名称、单位、数量、检验等，如表 3-5 所示的领料单。

表 3-5 主机电控器件装调领料单

领料单					No.	
领用项目：						
编码	名称	型号/规格	单位	数量	检验	备注

记账：　　　发料：　　　主管：　　　　　领料：　　　检验：　　　制单：

② 填写领料单的注意事项。

● 为了明确责任，填写领料单要有领料人、发料人、主管人、记账人等人员的签名，无签章或签章不全的均无效，不能作为记账的依据。

● 领料单一般一式四联。第一联为存根联，留领料部门备查；第二联为记账联，留会计部门作为出库材料核算依据；第三联为保管联，留仓库作为记材料明细账的依据；第四联为业务联，留供应部门作为物质供应统计依据。

● 领料单一般是"一料一单"地填制，即一种原材料填写一张单据，也可以把相同性质的材料归类领取。

（3）制定激光焊接机主机电控器件装调工作计划，填写表 3-6。

（4）实战技能训练，连接主机电控器件的装调器件，填写表 3-7。

（5）任务检验与评估，填写连接质量检查表 3-8。

表 3-6 主机电控器件装调工作计划表

序号	工作流程	主要工作内容	
1	任务准备	填写领料单	
		工具准备	
		场地准备	
		资料准备	
2	主机电控器件装调工作计划	1	检查所有器件是否完整、导线是否合格
		2	将空气开关、交流接触器、熔断器、三孔插座固定
		3	连接交流接触器与相序保护器线路、环形隔离变压器、接线排线路
		4	连接空气开关与电揽线线路
		5	连焊保险熔断器线路
		6	连接滤波器与交流接触器线路
		7	连接完成后质量检测
3	注意事项		

表 3-7 主机电控器件装调工作记录表

工作流程	工作内容	工作记录	存在问题及解决方案
任务准备	填写领料单		
	器件准备		
	工具准备		
	环境准备		
主机电控器件装调工作计划			

表 3-8 激光焊接机主机电控器件装调工作质量检查表

项目任务	连接器件	作 业 标 准	作业结果检测	
			合格	不合格
子任务 1	空气开关与三孔插座	空气开关 1 路接三孔插座 L,连接牢固、导通、不与其他部位短路		
		空气开关 2 路接三孔插座 N,连接牢固、导通、不与其他部位短路		
		三孔插座 E 脚接激光电源大地,连接牢固、导通、不与其他部位短路		
子任务 2	空气开关与保险熔断器	空气开关 1 路接保险熔断器 L1,连接牢固、导通、不与其他部位短路		
		空气开关 2 路接保险熔断器 L2,连接牢固、导通、不与其他部位短路		
		空气开关 3 路接保险熔断器 L3,连接牢固、导通、不与其他部位短路		
		零线端子排接保险熔断器 N,连接牢固、导通、不与其他部位短路		
子任务 3	保险熔断器与滤波器	滤波器 L1 接保险熔断器 L1,连接牢固、导通、不与其他部位短路		
		滤波器 L2 接保险熔断器 L2,连接牢固、导通、不与其他部位短路		
		滤波器 L3 接保险熔断器 L3,连接牢固、导通、不与其他部位短路		
子任务 4	交流接触器与环型隔离变压器	交流接触器 1 路接环型隔离变压器 L,连接牢固、导通、不与其他部位短路		
		交流接触器 2 路接环型隔离变压器 N,连接牢固、导通、不与其他部位短路		
		电源地线接环型隔离变压器 E,连接牢固、导通、不与其他部位短路		

3.3.5 氙灯泵浦激光器装调技能训练

氙灯泵浦激光器装调技能训练的第一步工作是进行激光器系统主要器件及附件的信息收集与分析,掌握主要器件及附件的品牌、规格、性能、价格与作用等。

上述信息在教材的理论知识部分和作业指导书中都有叙述,只要将其搜集整理在下述表格中即可。

(1)搜集激光器系统装调信息,填写表 3-9。

表 3-9　氙灯泵浦激光器装调信息表

类型	序号	名　称	选型依据	供应商	规格型号	价格
主要结构件	1	光学底板				
	2	聚光腔底板				
	3	镜架安装座				
主要器件	1	四维光学调节架				
	2	部分反射镜片				
	3	全反射镜片				
	4	氙灯				
	5	晶体棒				
	6	聚光腔				
	7	指示红光				

（2）识别氙灯泵浦激光器的结构和器件，填写如表 3-10 所示的领料单。

表 3-10　氙灯泵浦激光器装调领料单

领料单					No.	
领用项目：						
编码	名称	型号/规格	单位	数量	检验	备注
记账：	发料：	主管：		领料：	检验：	制单：

（3）制定氙灯泵浦激光器装调工作计划，填写表 3-11。

表 3-11　氙灯泵浦激光器装调工作计划表

序　号	工　作　流　程	主　要　工　作　内　容	
1	任务准备	填写领料单	
		工具准备	
		场地准备	
		资料准备	
2	氙灯泵浦激光器装调工作计划	1	检查所有器件是否完整、导线是否合格
		2	将光学底板预固定
		3	将镜片装入光学调节架
		4	将激光棒装入聚光腔中
		5	将氙灯装入聚光腔中
		6	依红光基准光轴由远至近安装器件并调节
3	注意事项		

（4）实战技能训练，实际连接激光器系统器件，填写表 3-12。

表 3-12　氪灯泵浦激光器装调工作记录表

工作流程	工作内容	工作记录	存在问题及解决方案
任务准备	填写领料单		
	工具准备		
	场地准备		
	资料准备		
氪灯泵浦激光器装调工作流程			

（5）任务检验与评估，填写表 3-13。

表 3-13　氪灯泵浦激光器装调工作质量检查表

项目任务	安装器件	作业标准	作业结果检测	
			合格	不合格
子任务 1	四维光学调节架	准光源聚焦旋钮将基准光聚焦为最细		
		将基准光源插入调整架并锁紧		
		将全反射镜装入三维镜片调整架		
		将部分反射镜片装入三维镜片调整架		
子任务 2	聚光腔	将激光棒插入腔体中间，密封完好不漏水		
		将氪灯插入腔体中间，密封完好不漏水		
子任务 3	光路系统器件联调	激光棒两端面的反射光与入射光重合		
		激光光斑与红光重合，且在红光正中心		
		激光光斑均匀、对称、轮廓清晰		

4

激光焊接机光路系统装调知识与技能训练

4.1　激光焊接机光路系统装调知识

4.1.1　光纤传导激光焊接机光路系统知识

1. 光纤传导光路系统

前面讲过,激光焊接机的光路系统可以分为硬光路系统和软光路系统两个大类。光纤传导软光路系统将激光器产生的激光光束耦合进入能量光纤传输,通过准直镜准直为平行光聚焦于工件上,使得加工过程不仅具有更大的灵活性,还能实现多光束的同时加工。

图 4-1 所示的是某台三光路光纤传导激光焊接机光路系统的器件组成示意图,其主要由激光器、硬光路传输、分光路耦合、软光路传输、光纤准直出射、激光焊接头等几部分组成。

光纤传导光路系统可以分为时间分光和能量分光两种方式。

2. 时间分光光路系统

1）工作原理

激光器输出的一束激光光束按照时间先后顺序分别给两个或两个以上的光路分光的系统称为时间分光光路系统,如图 4-2 所示的三光路时间分光光路系统。

对时间分光光路系统的要求是各光路抗干扰性强、分光精度高。各光路的分光精度可以用以下公式进行计算,误差在 ±3% 之内即可认为合格。

$$分光精度 = (各光路出射能量/其中最小出射能量 - 1) \times 100\%$$

练一练:已知某光纤焊接机光路中,分光路 A 输入端输入的能量为 4 J,出射端激光输入的能量为 3.9 J,分光路 B 输入端输入的能量为 4 J,出射能量为 3.8 J,求该光路的分光精度。

时间分光光路可以实现单台焊接机多工位同时加工,提高加工生产效率。

2）器件组成

时间分光光路系统由光闸、时间分光模组、光纤耦合筒及光纤组成,时间分光模组上配

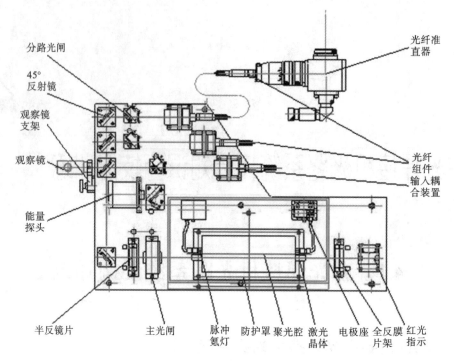

图 4-1 三光路光纤传导激光焊接机光路系统的器件组成示意图

备的镜片为 100% 全反射镜片。时间分光光路系统器件组成,如图 4-3 所示。

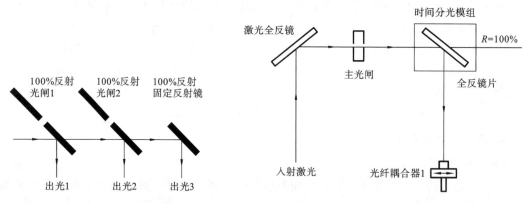

图 4-2 三光路时间分光光路系统示意图

图 4-3 时间分光光路系统器件组成

时间分光模组是时间分光光路系统的核心器件,它本质上是一个电控开关,实物结构如图 4-4 所示。

3. 能量分光光路系统

1)工作原理

激光器输出的一束激光光束按能量大小分别给两个或两个以上光路分光的系统称为能量分光光路系统,如图 4-5 所示的三光路能量分光系统。

能量分光光路通常是均分总的激光输出能量,光路分的越多激光的脉冲能量越低,可以

全反镜100A

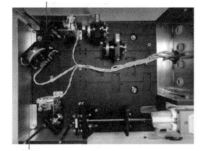

分时快门

图 4-4　时间分光模组组成实物图

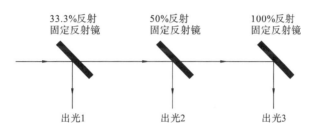

图 4-5　三光路能量分光光路系统示意图

实现单台焊接机多工位同时加工,提高加工生产效率。

2)器件组成

能量分光光路系统由主光闸、部分反射镜、分光闸、光纤耦合筒及光纤组成,如图 4-6 所示。各光路上的部分反射镜的反射率和透射率各不相同,四光路均分能量的镜片参数如图 4-6 所示。

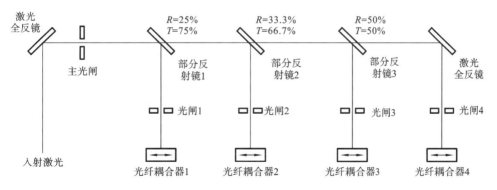

图 4-6　能量分光光路示意图

4.1.2　光纤传导光路系统器件知识

1. 光纤传导系统主要器件

无论是时间分光,还是能量分光,光路系统器件大致有如下几类,如图 4-7 所示。

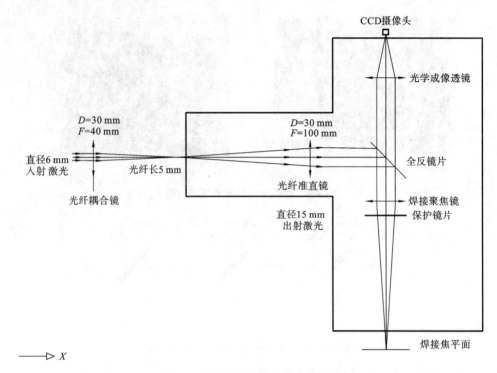

图 4-7 光纤传输光路系统主要器件

2. 能量光纤简介

1）能量光纤的结构

高功率光纤激光器中的光纤是掺杂了稀有离子的双包层特种红外光纤，在激光焊接机的光纤传导光路系统中得到了广泛应用，如图 4-8 所示。

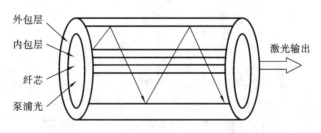

图 4-8 双包层特种红外光纤示意图

能量光纤具有激光功率传输能力强、耦合效率高、柔韧性好等特点。

2）能量光纤的分类

按折射率分类，能量光纤可以分为阶跃（SI）与渐变（GI）光纤两类。

阶跃光纤的能量传输分布大致均匀，多用于 1000 W 以下中小功率的激光焊接，适合薄物焊接及希望扩大焊接面积的场合。渐变光纤多用于 1000 W 以上的激光焊接，适合厚大件的焊接。

3．光纤耦合器

1）工作原理

将入射激光耦合到接收光纤中的器件称为光纤耦合器，它有直接耦合和透镜耦合两种方式，如图 4-9 所示。透镜耦合可以获得比直接耦合更高的耦合效率，还可以校正光差。

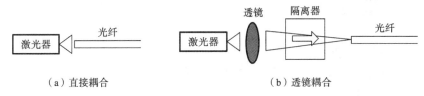

（a）直接耦合　　　　（b）透镜耦合

图 4-9　光纤耦合方式

图 4-10 所示的是单透镜光纤耦合器的光路示意图和实物结构图。

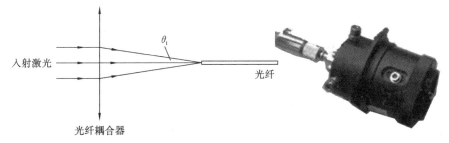

图 4-10　单透镜光纤耦合器光路示意图和实物结构图

2）光纤与激光入射端连接方式

光纤与激光入射端连接方式如图 4-11 所示。

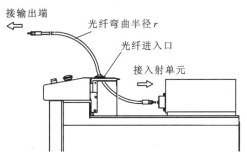

图 4-11　光纤与激光入射端连接方式示意图

光纤与激光入射端连接步骤示意如图 4-12 所示。

（1）将光纤头戴上保护套，然后从光纤进入孔穿进。

（2）去掉光纤头上的保护套，用吹气球将光纤端面吹干净。

（3）将激光入射头与光纤连接起来，缺口与光纤相应部分完全对准，拧紧固定螺丝，光纤弯曲尽可能最小。

4．光纤准直器

1）工作原理

光纤准直器是将光纤输出的发散光转变成近平行光的器件，如图 4-13 所示。图 4-14 是

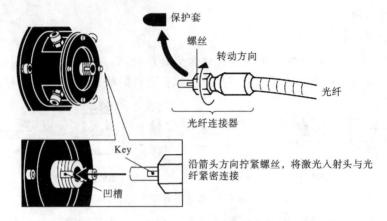

图 4-12　光纤与激光入射端连接步骤示意图

图 4-13　光纤准直器工作原理

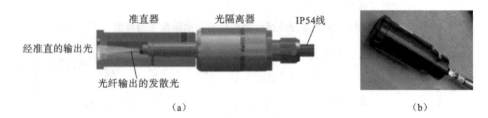

（a）　　　　　　　　　　　　　（b）

图 4-14　光纤准直器的内部结构和外形示意图

光纤准直器的内部结构图和外形示意图。

2）光纤与光纤输出单元连接步骤

光纤与光纤输出单元连接步骤示意图如图 4-15 所示。

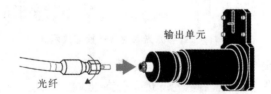

图 4-15　光纤与光纤输出单元连接步骤示意图

（1）去掉光纤头上的保护套。

（2）用吹气球将光纤端面吹干净，将光纤与输出头连接好。

（3）注意缺口与光纤相应部分完全对准，拧紧固定螺丝。

光纤弯曲时的最小弯曲半径如图 4-16 所示。

5．45°反射镜

45°反射镜可以让激光发生 90°方向的改变，如图 4-17 所示的是反射镜片的工作原理。

光纤芯径/mm	最小可弯曲半径/mm
0.2、0.3、0.4	R100
0.6	R150
0.8	R200
1.0	R250

图 4-16　光纤弯曲时的最小弯曲半径

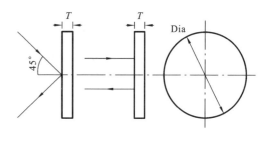

图 4-17　反射镜的工作原理

钼基反射镜片使用寿命长、承受功率高、表面不需镀膜，缺点是反射率较低。

硅基反射镜片拥有良好的光学热力性，是最常用的镀膜镜片。

6．聚焦镜片

聚焦镜是起会聚作用的凸透镜，一般都是用平凸镜片，安装镜片时注意平面朝下，凸面朝上，如果弄反，聚焦点光斑会变粗，加工效果会变差，如图 4-18 所示。图 4-19 是聚焦镜片内部结构和外形示意图。

7．保护镜片

保护镜片不改变原有光束的特性，用来防止灰

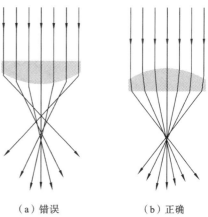

（a）错误　　　（b）正确

图 4-18　聚焦镜片安装示意图

尘以及熔渣飞溅损坏聚焦镜片，其外形如图 4-20 所示。保护镜片两面精密抛光，有些还镀有增透膜、耐高温膜、高损伤阈值膜等。

图 4-19　聚焦镜片内部结构和外形示意图

图 4-20　保护镜片实物图

选择合适的保护镜片应该注意以下三个问题。

（1）外形尺寸匹配。

（2）考虑使用成本，根据不同激光功率选择不同材质和不同等级的镜片。

（3）根据使用环境采用不同的镀膜技术参数。

图 4-21 所示的是准直镜片、聚焦镜片和保护镜片组装在一起的激光焊接头的各镜片实际工作位置示意图。

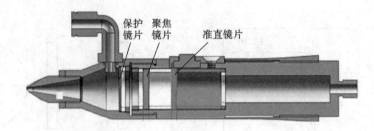

图 4-21 激光焊接头的各镜片实际工作位置示意图

8. 清洗光学部件注意事项

在清洗光学部件时,需要准备吹气球、压圈扳手、酒精和镜头纸等工具,如图 4-22 所示。

图 4-22 常用光学部件清洗工具

(1)光学部件表面附着灰尘时的清洗方法如图 4-23 所示。

① 拿住镜片的边缘并将其平放。

② 用吹气球将脏东西和灰尘吹去。

③ 再次检查是否还有脏东西和灰尘附在上面,如有脏东西,则继续用吹气球吹至干净为止。

(2)有水汽或其他吹不掉的脏物的清洗方法如图 4-24 所示。

图 4-23 一般灰尘处理方法图   **图 4-24 顽固灰尘处理方法图**

① 拿住镜片的边缘并将其平放。

② 滴几滴酒精在镜头纸的中间,然后将镜头纸湿的部分沿着光学部件的一个方向轻轻地拖动,然后对着日光灯检查是否干净,如不干净,则继续清洗直至干净为止。

(3)光纤清洗方法如图 4-25 所示。

① 将光纤从连接器上取下。

② 用吹气球对着光纤的表面轻轻地吹。

③ 如果还有灰尘附着在上面,用镜头纸轻轻地从一端拖过去。为了避免刮伤光纤的表面,不要用力压镜头纸。

④ 检查是否还有脏东西附在表面,如不干净,则继续清洗直至干净为止。

检查光纤的表面是否有裂纹、灰尘和烧伤,应该使用专用的光纤检测装置,如图 4-25 所示。

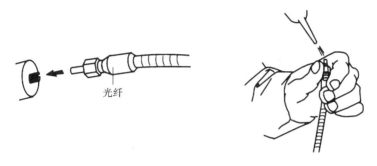

图 4-25　光纤清洗方法

4.2　光纤传导激光焊接机光路系统装调技能训练

4.2.1　光路传输系统装调技能训练

1. 光路传输系统装调技能训练概述

完成了激光焊接机主机装调技能训练的工作任务以后,氙灯泵浦激光器便产生了合格的激光光束。但是,此时产生的激光光束的各类特性并不能满足激光焊接的生产要求,如光斑不够细、能量不够集中、光斑不能移动、激光的作用位置不够多等,必须安装光路传输系统的各个光学元器件及其相关器件,使得激光光束能以要求的方式作用在工件上,以便满足加工的要求。

需要安装和调整的主要激光和光学器件有 45°反射镜、分路光闸、光纤准直器、光纤组件、光纤耦合装置等,在本书的第 4.1 节中做过详细描述。

通过完成光路传输系统装调技能项目的训练,可以掌握氙灯泵浦光纤传导激光焊接机的光路系统的主要元器件的组成,会进行氙灯泵浦光纤传导激光焊接机的光路系统的主要元器件的安装、连接与测试。

2. 光路传输系统装调技能训练目标要求

1) 知识要求

(1) 了解氙灯泵浦光纤传导激光焊接机的光路传输系统的组成、器件的功能及工作原理。

（2）掌握光纤耦合装置的工作原理与功能。

（3）掌握光纤准直器的工作原理与功能。

（4）掌握能量分光光路系统的工作原理、主要器件的构成与功能。

（5）掌握聚焦镜的工作原理与功能。

2）技能要求

（1）会填写能量分光光路系统的主要元器件的领料单。

（2）会正确安装光纤耦合筒的器件，会调试光路。

（3）会正确安装能量分光光路系统的主要元器件，会调试光路。

（4）会分析问题并进行光路联调。

3）职业素养

（1）遵守设备操作安全规范，爱护实训设备。

（2）积极参与过程讨论，注重团队协作和沟通。

（3）及时分析、总结光路传输系统的器件装调技能训练项目进展过程中的问题，撰写项目报告。

3. 光路传输系统装调技能训练资源准备

1）设施准备

（1）1台75 W（或大于75 W）的氙灯泵浦光纤传导激光焊接机样机（主流厂家产品）。

（2）4～6套氙灯泵浦光纤传导激光焊接机光学元器件、激光器和与之对应的配件。

（3）5～10套品牌钳工工具包。

（4）5～10套品牌电工工具包。

（5）合适的多媒体教学设备。

2）场地准备

（1）满足激光加工设备的工作温度要求。

（2）满足激光加工设备的工作湿度要求。

（3）满足激光加工设备的电气安全操作要求。

3）资料准备

（1）主流厂家的氙灯泵浦光纤传导激光焊接机的使用说明书。

（2）主流厂家的氙灯泵浦YAG激光器的使用说明书。

（3）主流厂家的光闸、光纤准直器、光纤耦合装置等的使用说明书。

（4）与本教材配套的作业指导书。

4. 光路传输系统器件装调技能训练任务的分解

根据项目二的描述，可以把项目二再分解为两个相对独立的任务。

1）任务1

组装光纤耦合筒器件，目的是让激光器产生的激光可以耦合进能量光纤，满足使用要求。

2）任务2

正确安装、调试能量分光光路系统主要的及相关的元器件，调试光路，满足使用要求。

上述两个任务完成后，还要进行光路联调，将上述两个任务联系起来统一检查、分析效果。

4.2.2 光纤耦合装调技能训练

（1）搜集光纤耦合装调器件信息，填写表4-1。

表4-1 光纤耦合器件信息表

类型	序号	名　　称	选型依据	供应商	规格型号	价格
主要器件	1	外筒				
	2	光纤对焦块				
	3	调节弹簧				
	4	微动调节盘				
	5	凸镜				
	6	凸镜隔圈				
	7	耦合筒固定架				
	8	光纤				

（2）识别光纤耦合装调技能训练的主要元器件，填写如表4-2所示的领料单。

表4-2 光纤耦合器件领料单

领料单						No.	
领用项目：							
编码	名称	型号/规格	单位	数量	检验		备注

记账：　　　　发料：　　　　主管：　　　　　　领料：　　　　检验：　　　　制单：

（3）制定光纤耦合装调技能训练工作计划，填写表4-3。

表 4-3　光纤耦合装调技能训练工作计划表

序号	工作流程	主要工作内容	
1	任务准备	填写领料单	
		工具准备	
		场地准备	
		资料准备	
2	光纤耦合装调技能训练工作计划	1	将光纤对焦块放进外筒内,放上两根调节弹簧
		2	调节六角螺母,使光纤对焦块位于外筒正中心
		3	用 4 个大平垫将压板与光纤对焦块拧在一起
		4	将微动调节盘拧在内筒上,把内筒放进外筒,加弹垫将微动调节盘与压环锁紧
		5	加弹垫将内筒固定
		6	将凸镜(凸面朝上)、凸镜隔圈放进筒内后用凸镜隔圈拧紧
		7	将耦合筒安装在耦合筒固定架上,并将光阑旋入耦合筒的内筒,耦合筒在固定架上的位置应能使红光通过光阑孔的中心
		8	将光纤入射端口插入耦合筒,光纤端口突出部分应对应耦合筒光纤连接座的缺口处,然后旋紧固定螺母
3	注意事项	凸镜擦拭干净后装入调节内筒内,光纤对焦块位置居中后再拧紧压环	

（4）制定光纤耦合装调实战技能训练工作计划,填写表 4-4。

表 4-4　光纤耦合装调实战技能训练工作计划表

工作流程	工作内容	工作记录	存在的问题及解决方案
任务准备	填写领料单		
	工具准备		
	场地准备		
	资料准备		
光纤耦合装调实战技能训练工作计划			

（5）进行任务检验与评估，填写质量检查表，如表4-5所示。

表 4-5　光纤耦合装调质量检查表

项目任务	安装器件	作 业 标 准	作业结果检测	
			合格	不合格
光纤耦合装调实战技能训练	外筒	器件外观完好		
	光纤对焦块	光纤对焦块放进外筒内，位置居中		
	调节弹簧	安装正确，松紧度适中		
	微动调节盘	将微动调节盘拧在内筒上，微动调节盘与压环锁紧		
	凸镜	凸镜正确放入筒内		
	凸镜隔圈	凸镜隔圈正确放入筒内且拧紧		
	耦合筒固定架	将耦合筒安装在耦合筒固定架上，确定红光能通过光阑孔的中心		
	光纤	光纤正确安装		

4.2.3　能量分光光路装调技能训练

（1）搜集能量分光光路器件信息，填写表4-6。

表 4-6　能量分光光路器件信息表

类型	序号	名　　称	选型依据	供应商	规格型号	价格
主要结构件	1	光学底板				
	2	光学调节架底座				
	3	基准小孔光阑				
	4	反射镜座				
主要器件	1	全反镜				
	2	45°反射镜架				
	3	红光指示器				
	4	耦合筒				
	5	耦合镜组				
	6	主光闸				
	7	分光闸				
	8	衰减片				

（2）识别能量分光光路主要元器件，填写如表4-7所示的领料单。

表 4-7 能量分光光路主要元器件领料单

领料单						No.	
领用项目：							
编码	名称	型号/规格	单位	数量	检验		备注
记账：	发料：	主管：		领料：		检验：	制单：

（3）制定能量分光光路装调工作计划，填写表 4-8。

表 4-8 能量分光光路装调工作计划表

序号	工作流程	主要工作内容	
1	任务准备	填写领料单	
		工具准备	
		场地准备	
		资料准备	
2	能量分光光路装调工作计划	1	调节红光的 2 个全反射镜片，让红光通过激光棒套的正中心，使反射回来的红光与点状激光器的出光孔重合
		2	调节 45°全反射镜组件和上下调节螺母，让输出激光与红光重合
		3	将 2 个基准光阑主光轴的孔位安装好，让经过全反射镜的红光能 100%穿过 2 个小孔的正中心
		4	开激光，将倍光片竖直放在离输出镜约 10 cm 的位置，观察倍光片的成像。调节腔镜镜座和输出镜镜座的调节螺母，使倍光片上的成像为均匀的圆形绿色光斑，且红色光点在绿色光斑的正中间
		5	微调输出镜镜座调节螺母，使相纸上的成像为均匀的圆形光斑
		6	调节耦合筒外筒，使耦合观察镜能观察到清晰的图像，锁紧耦合筒外筒的固定螺钉
		7	将主光闸、分光闸分别安装在主光轴和分光光路上，多个分光支路能量不相等时将衰减片插入校正
3	注意事项	耦合筒固定架位置不能偏移太多，否则会影响到红光光阑孔的调节	

（4）制定能量分光光路装调实战技能训练工作计划，填写表4-9。

表 4-9　能量分光光路装调实战技能训练工作计划记录表

工作流程	工作内容	工作记录	存在的问题及解决方案
任务准备	填写领料单		
	器件准备		
	工具准备		
	环境准备		
能量分光光路装调实战技能训练工作计划			

（5）进行任务检验与评估，填写质量检查表，如表4-10所示。

表 4-10　能量分光光路装调质量检查表

项目任务	安装器件	作业标准	作业结果检测	
			合格	不合格
能量分光光路装调技能训练	红光调节架	红光同时通过激光棒套正中心，反射回来的红光与点状激光器的出光孔重合		
	基准光阑	输出激光与红光相重合		
	45°全反射镜片	红光能100％穿过2个小孔的正中心		
	全反镜片	开激光，倍光片上的成像为均匀的圆形的绿色光斑，红色光点在绿色光斑正中间		
	耦合镜片	相纸上的成像为均匀的圆形光斑		
	耦合筒	用耦合观察镜能观察到清晰的图像		
	光闸	正确安装主光闸、分光闸		
	衰减片	正确安装衰减片		

5

激光焊接机整机装调知识与技能训练

5.1　激光焊接机整机装调知识

激光焊接机整机装调知识由控制系统知识和整机质检知识两大部分组成。

激光焊接机控制系统可以由控制面板、手编器、工控机及各类接口等多种方式输入/输出控制指令，下面逐一通过案例做简要介绍。

5.1.1　焊接机主机控制面板功能案例分析

1. 面板主菜单功能介绍

面板主菜单功能有六个选项，如图 5-1 所示。

按"↑"和"↓"键可以选择相应的项目，其中的具体定义如下。

（1）初始参数设定：用于设定日期、时间及控制水温等相关参数。

（2）系统工作状态：用于反馈方式、焊接计数、显示对比度、高压、调整光、快门、水泵等的打开和关闭。

（3）焊接波形数据：用于设置工作模式、峰值、波形等参数。系统工作时，可显示输出激光波形、能量和功率。

（4）激光调试模式：用于专业技术人员对焊接机进行光学调试。

（5）缝焊波形设定：用于连续焊接时的接口处的焊接。

（6）故障记录查询：用于显示曾经出现过的机器故障。

2. 系统工作状态设置功能介绍

系统工作状态设置功能有如下选项，如图 5-2 所示。

（1）控制模式：显示当前的控制模式，有内控（MBOX，即触摸屏控制）、网络在线调试（RCPC）和外控（EXTE，即 PLC 手编器控制）三种控制模式。

（2）现在水温：显示当前内循环冷却水的水温。

（3）击发总数：显示当前已经发射的激光数量，可清零。

主 菜 单

1. 初始参数设定
2. 系统工作状态
3. 焊接波形数据
4. 激光调试模式
5. 缝焊波形设定
6. 故障记录查询

S1:OFF	S2:OFF	S3:OFF	S4:OFF

系统工作状态

软件版本:UW-300A-C-V5.1.4T

UW-Serial-M-V3.0.0

控制模式:MBOX	现在水温:030℃
击发总数:000012345	正品总数:000001234
总数上限:999999999	正品上限:999999999
总数清零:OFF	反馈方式:能量
高 压:OFF	对 比 度:24
调 整 光:OFF	主 快 门:OFF
机器编号:00	出光延时:001 ms

图 5-1　面板主菜单功能示意图 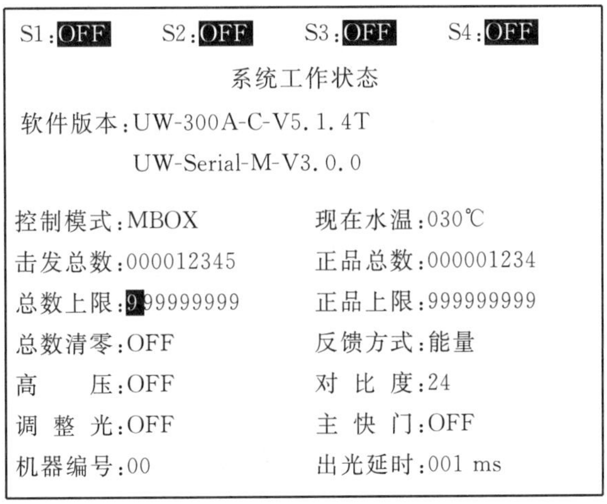　　　　图 5-2　系统工作状态设置示意图

（4）正品总数:显示当前焊接产品的良品数量,可清零。

（5）总数上限:设定激光的最大击发数,当激光击发总数等于总数上限时,自动停止。

（6）正品上限:设定最大的良品数,当激光正品总数等于正品数上限时,自动停止。

（7）反馈方式:设定当前的反馈方式,电流负反馈或能量负反馈。

（8）高压:系统开始充电(ON)或放电(OFF)。

（9）调整光:红光指示的打开(ON)和关闭(OFF)。

（10）主快门:主快门的打开(ON)和关闭(OFF)。

（11）机器编号:00～15,当多台焊接机连用时可设定本机的网络号。

（12）出光延时:控制方式为 EXTE 方式时,外部激光信号(START-IN)被触发后,激光的延时时间,设定范围为 000～500 ms。

（13）S1:快门 1 的打开(ON)和关闭(OFF)。按下 S1 后,OFF 触摸屏的相应位置即可由 OFF 变为 ON,或由 ON 变为 OFF。

（14）S2:快门 2 的打开(ON)和关闭(OFF)。按下 S2 后,OFF 触摸屏的相应位置即可由 OFF 变为 ON,或由 ON 变为 OFF。

（15）S3:快门 3 的打开(ON)和关闭(OFF)。按下 S3 后,OFF 触摸屏的相应位置即可由 OFF 变为 ON,或由 ON 变为 OFF。

（16）S4:快门 4 的打开(ON)和关闭(OFF)。按下 S4 后,OFF 触摸屏的相应位置即可由 OFF 变为 ON,或由 ON 变为 OFF。

（17）对比度:用"＋"或"－"号调节屏幕对比度,调清楚即可。

（18）总数清零:清除击发总数、正品总数、总数上限、正品上限的值。

3. 焊接波形数据设置功能介绍

焊接波形数据设置功能有如下选项,如图 5-3 所示。

（1）模式:00～31,一共可以设置 32 个波形。

（2）反馈方式:可选择能量反馈或电流反馈。

（3）能量上限:0～110 J,可根据机型和加工工件的不同进行设置。

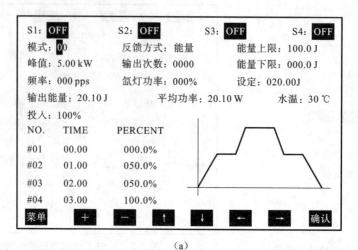

图 5-3　焊接波形数据设置功能示意图

（4）能量下限:0～110 J,可根据机型和加工工件的不同进行设置。

（5）峰值:5～9990 kW,可根据机型和加工工件的不同进行设置。

（6）氙灯功率:氙灯的实际功率。

（7）频率:0～200 pps,可根据机型和加工工件的不同进行设置。

（8）输出次数:0～9999。

（9）设定:理论计算的能量。

（10）输出能量:实际的激光能量。

（11）平均功率:实际的激光功率。

（12）水温:冷却水的温度。

（13）投入:0～100％,设定氙灯的投入功率。

（14）时间（TIME）:0～30 ms,共有 20 个拐点可以设置,每个画面可设置 4 个拐点,将光标下移到最后一行,再按"＋"键,可以出现下一个拐点。

（15）幅度（PERCENT）:0～120％,共有 20 个拐点可以设置,每个画面可设置 4 个拐点,将光标下移到最后一行,再按"+"键,可以出现下一个拐点。

（16）设定能量。能量负反馈时显示理论波形能量,电流负反馈时不显示。设定数据还受能量反馈方式、电流反馈方式等条件的制约。

电流 I、时间 T、重复频率 f 的单位分别为安培（A）、毫秒（ms）和赫兹（Hz）。

5.1.2　焊接机工作台运动控制功能案例分析

1. FX2N-20GM 运动控制器端口功能案例

FX2N-20GM 运动控制器是激光焊接机工作台常用的输出脉冲序列的步进电机或伺服电机的控制单元,它通过前面的四个 20 针的接口接收外控信号和给电机驱动器提供信号来控制工作台的过程。FX2N-20GM 运动控制器外观如图 5-4 所示。

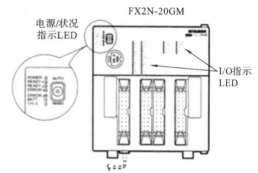

图 5-4　FX2N-20GM 运动控制器外观图

（1）I/O 端口。本案例中除了电源以外没有使用其他端口,是预留备用端口,如图 5-5 所示。

（2）CNT 输入端口。本案例中 CNT 输入端口用来控制工作台 X、Y 方向的启动、停止、平台移动、限位,如图 5-6 所示。

备用 Y0	1	1	X0 备用
备用 Y1	2	2	X1 备用
备用 Y2	3	3	X2 备用
备用 Y3	4	4	X3 备用
备用 Y4	5	5	X4 备用
备用 Y5	6	6	X5 备用
备用 Y6	7	7	X6 备用
备用 Y7	8	8	X7 备用
COM1	9	9	COM1(电源地)
	10	10	

图 5-5　I/O 端口功能示意图

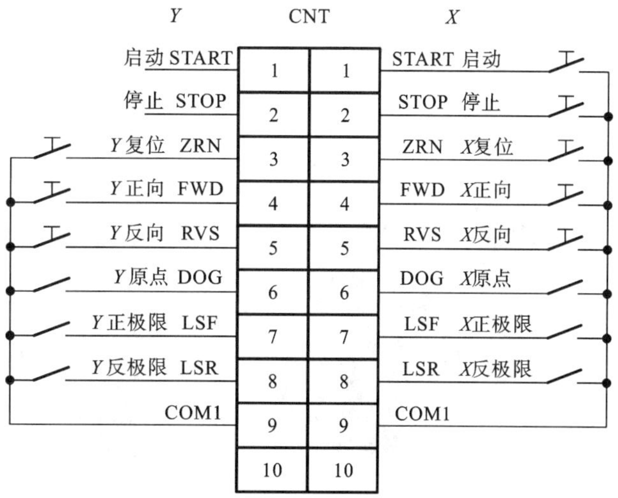

Y	CNT		X
启动 START	1	1	START 启动
停止 STOP	2	2	STOP 停止
Y 复位 ZRN	3	3	ZRN X 复位
Y 正向 FWD	4	4	FWD X 正向
Y 反向 RVS	5	5	RVS X 反向
Y 原点 DOG	6	6	DOG X 原点
Y 正极限 LSF	7	7	LSF X 正极限
Y 反极限 LSR	8	8	LSR X 反极限
COM1	9	9	COM1
	10	10	

图 5-6　CNT 输入端口功能示意图

（3）MOTOR 输出端口。本案例中 MOTOR 输出端口提供 X、Y 方向电机驱动器的脉冲、方向信号,如图 5-7 所示。

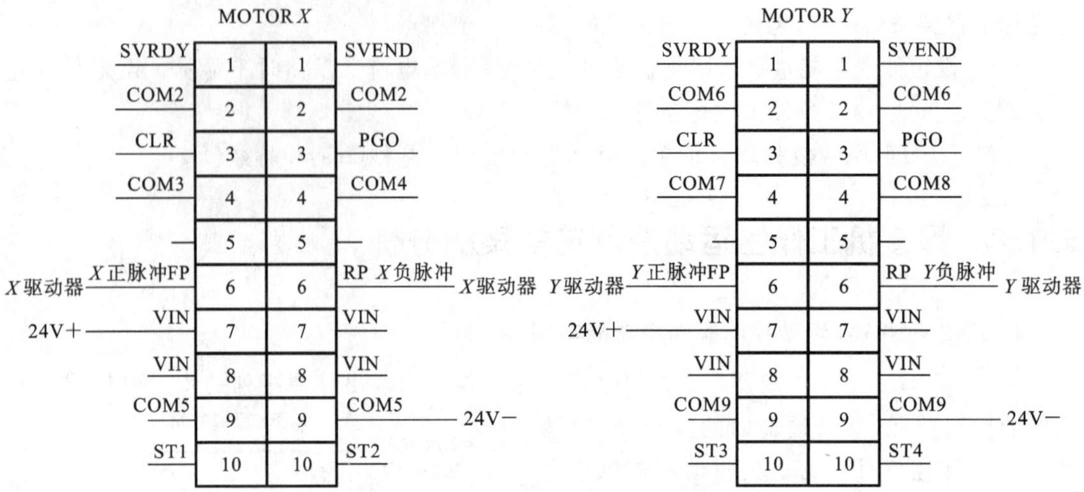

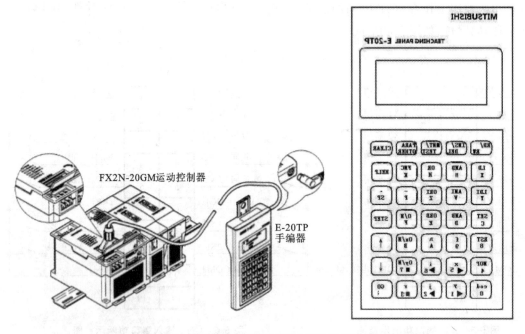

图 5-7　MOTOR 输出端口功能示意图

2. E-20TP 手编器功能案例

1）E-20TP 手编器的连接与使用

（1）E-20TP 手编器的连接。将 E-20TP 手编器与 FX2N-20GM 运动控制器连接在一起，如图 5-8 所示。

图 5-8　E-20TP 手编器与 FX2N-20GM 运动控制器连接示意图

（2）手编器连接通电后，首先出现版权标志，几秒之后，出现 1 和 2 两个选项，选择 1 项，进入在线方式，此时读写的对象是 FX2N-20GM 内的 ROM 或 RAM。选择 2 项，进入离线方式，此时读写的对象是 E-20TP 内的 ROM，如图 5-9 所示。

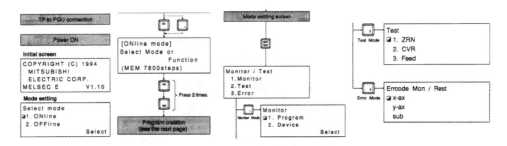

图 5-9　E-20TP 手编器连接通电过程示意图

（3）选择了离/在线方式后，使用功能键 RD（读）/WR（写）、INS（插入）/DEL（删除）、MNT（监视）/TEST（测试）及 PARA（参数）/OTHER（其他）进行选择相应的功能操作。

RD/WR、INS/DEL 主要对程序语句进行查阅、写入、修改、插入、删除，其相应的状态在编程器显示屏的左上角有指示，如 RD 状态时，显示 R。

MNT/TEST 主要是对程序运行状态（运行到了哪条语句，X、Y 轴的位置）进行监视和进行示教方式的手动操作，如返回机械原点、点动。

PARA/OTHER 主要是查看、设定 E-20GM 内置参数和其他相关设定。限于篇幅，这里不做详细分析。

2）E-20TP 手编器程序编程案例

图 5-10 所示的是通过 E-20TP 手编器编制一个完整的工件焊接程序案例，其中最后一栏的说明只是让大家理解程序的意义，在手编器上并不会真实出现。

N1	OO,NO	
N2	SET Y021	开外控请求
N3	SET Y014	开主光闸
N4	SET Y017	开光闸 3
N5	SET Y010	模式 1
N6	COD 00(DRV)	
N7	x0	
N8	y1000	移位
N9	f100	
N10	SET Y024	
N11	COD 04(TIME)	开气
N12	K20	
N13	SET Y022	
N14	COD 04(TIME)	开激光
N15	K20	
N16	RST Y022	
N17	COD 01(LIN)	
N18	x25000	移动轨迹
N19	f10	
N20	SET Y023	
N21	COD 04(TIME)	
N22	K20	
N23	RST Y023	
N24	COD 04(TIME)	
N25	K20	
N26	RST 014	
N27	RST 017	
N28	RST 010	
N29	RST 024	关气
N30	RST 021	
N31	m 02(END)	

图 5-10　E-20TP 手编器程序编程案例

5.1.3　焊接机主机外部通信端口功能案例分析

焊接机主机外部通信端口的功能主要是将本机信号发送到外部的各类装置上，方便对焊接机工作状态进行监控、更改和接入自动化生产线，典型端口类型如图 5-11 所示。

（1）激光输出信号端口功能案例分析。用示波器通过 SING1（信号端）和 SGND1（接地端）可以监视激光输出的波形。

（2）激光输出开关（BRAKE SW）脚踏激光输出开关端口功能案例分析。将此开关与脚踏开关连接起来，即可用此开关进行激光输出控制。

（3）远程控制锁（REMOTE INTERLOCK）端口功能案例分析。远程控制锁是一个 15 针的 DB 接口，连接在连动装置、安全门等关键位置，也可以采用串联方式连接，如图 5-12 所示，出厂时一般将此连接器短路。

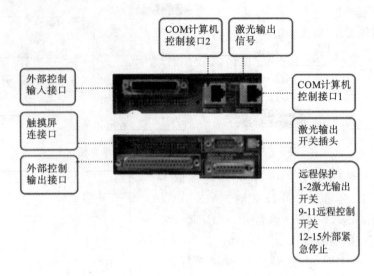

图 5-11　焊接机主机外部通信典型端口示意图

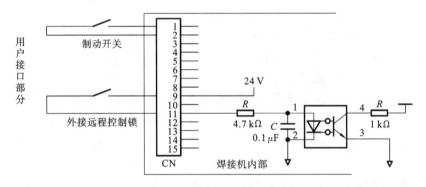

图 5-12　远程控制锁连接示意图

（4）COM 计算机控制接口 1、接口 2 功能案例分析。计算机控制接口 1、接口 2 用于工控机来控制焊接机的动作。

（5）外部控制输入接口（EXT. I）功能案例分析。外部控制输入接口用外部信号控制焊接机动作的接口，它是一个 44 针的 DB 接口，各个针脚信号的标示和位置如图 5-13 所示，信号功能说明如图 5-14 所示。

图 5-15 是某台焊接机利用外部控制输入接口实现控制功能的实际案例，从案例中看出，该台焊接机使用了 DB44 针上的 1、2、3、6、7、8、9、10、19、20、21、22 共 12 个端口，可实现时间分光、能量分光、外部控制激光开启与停止、外部控制红光开启与停止等功能。

用外部信号控制焊接机动作时可以由用户提供 24 V 电源，接线方式如图 5-16 所示。也可使用焊接机自身提供的电源，接线方式如图 5-17 所示。

（6）外部控制输出接口（EXT. O）端口功能案例分析。外部控制输出接口输出信号给其他设备，它是一个 34 针的 DB 接口，各个针脚信号的标示和位置如图 5-18 所示，信号功能说明如图 5-19 所示。

1. REMOTE-REQUEST-IN
2. START-IN
3. STOP-IN
4. HV-ON/OFF-IN
5. TROUBLE-RESET-IN
6. LD-ON/OFF-IN
7. MAIN SHUTTER IN
8. SHUTTER1-IN
9. SHUTTER2-IN
10. SHUTTER3-IN
11. SHUTTER4-IN
12. SHUTTER5-IN
13. SHUTTER6-IN
14. (   )
15. (   )
16. (   )
17. REMOTE INTERLOCK
18. (   )
19. SCH1-IN
20. SCH2-IN

21. SCH4-IN
22. SCH8-IN
23. SCH16-IN
24. INPUT-SPARE1
25. INPUT-SPARE2
26. INPUT-SPARE3
27. (   )
28. (   )
29. EXT-V
30. EXT-V
31. EXT-V
32. EXT-V
33. +24V
34. +24V
35. +24V
36. +24V
37. GND(24V)
38. GND(24V)
39. GND(24V)
40. GND(24V)

41. (   )
42. (   )
43. (   )
44. (   )

外部控制输入接口

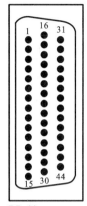

DB-44

图 5-13　外部控制输入接口的标示和位置示意图

连接器编号	描述	
1	REMOTE-REQUEST-IN 外部控制请求：此开关接通时，本机不受 MBOX 控制，接受外部信号控制	
2	START-IN　外部控制激光输出	
3	STOP-IN　外部控制激光停止	
4	HV-ON/OFF-IN　外部控制高压 ON/OFF	
5	TROUBLE RESET-IN　外部控制系统错误复位	
6	LD-ON/OFF-IN　外部控制红光指示开关	
7	MAIN-SHUTTER-IN　外部控制主快门开关	
8	SHUTTER1-IN　外部控制快门 1 开关	
9	SEUTTER2-IN　外部控制快门 2 开关	
10	SHUTTER3-IN　外部控制快门 3 开关	
11	SHUTTER4-IN　外部控制快门 4 开关	
12	SHUTTER5-IN　外部控制快门 5 开关	
13	SHUTTER6-IN　外部控制快门 6 开关	
14～16	空	
17	REMOTE INTERLOCK　远程锁	
18	空	
19	SCH1-IN	每一位分别取数为 1、2、4、8、16；总的工作状态为以上各状态的和
20	SCH2-IN	
21	SCH4-IN	
22	SCH8-IN	
23	SCH16-IN	
24	保留	
25	保留	
26	保留	
27～28	空	
29～32	外部电源（+24V）	
33～36	焊接机内部电源（+24V）	
37～40	内部地（GND）	
41～44	空	

图 5-14　外部控制输入接口的信号功能说明示意图

DB-44	功能说明	备注
D44_19	SCHEDULE 模式 1	
D44_20	SCHEDULE 模式 2	
D44_21	SCHEDULE 模式 3	
D44_22	SCHEDULE 模式 4	
D44_7	MAIN-SHUTTER-IN 外部控制主快门开关	
D44_8	SHUTTER1-IN 外部光闸开关 1	能量分光（无光纤）
D44_9	SHUTTER2-IN 外部光闸开关 2	能量分光
D44_10	SHUTTER3-IN 外部光闸开关 3	时间分光
D44_6	LD-ON/OFF-IN 外部控制红光指示开关	
D44_1	外部控制请求，此开关接通，本机不受 MBOX 控制，接受外部信号控制	外部（必须加）
D44_2	START-IN 外部控制激光输出	
D44_3	START-IN 外部控制激光停止	
电磁阀	接电磁阀控制吹切割气	

图 5-15　外部控制输入接口信号实际案例示意图

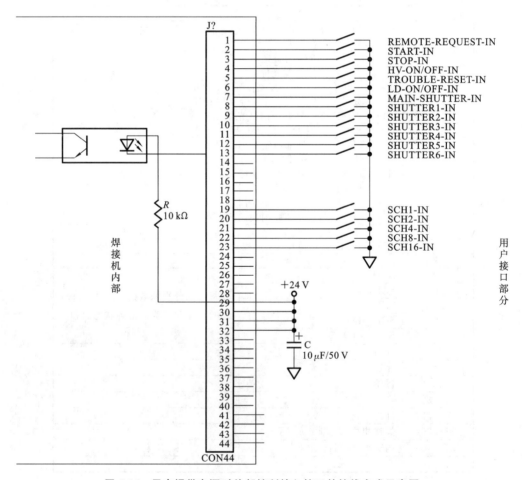

图 5-16　用户提供电源时外部控制输入接口的接线方式示意图

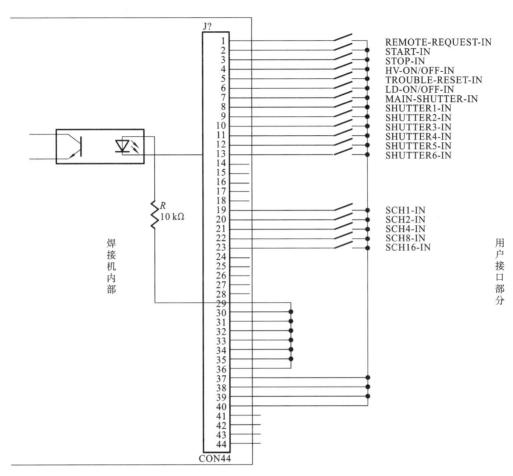

图 5-17 使用焊接机提供的电源时外部控制输入接口的接线方式示意图

1. REMOTE-MODE-LED
2. READY-OUT
3. HV-ON-OUT
4. TROUBLE-OUT
5. HV-ON-OUT
6. GOOD-OUT
7. NO-GOOD-OUT
8. MAIN-SHUTTER1-OPEN
9. MAIN-SHUTTER2-OPEN
10. SHUTTER1-OPEN
11. SHUTTER2-OPEN
12. SHUTTER3-OPEN
13. SHUTTER4-OPEN
14. SHUTTER5-OPEN
15. SHUTTER6-OPEN
16. (　　)
17. (　　)
18. (　　)
19. (　　)

20. (　　)
21. OUTPUT-SPARE1
22. OUTPUT-SPARE2
23. OUTPUT-COM
24. OUTPUT-COM
25. OUTPUT-COM
26. OUTPUT-COM
27. +24V
28. +24V
29. +24V
30. +24V
31. GND(24V)
32. GND(24V)
33. GND(24V)
34. GND(24V)
35. (　　)
36. (　　)
37. (　　)

外部控制输出接口

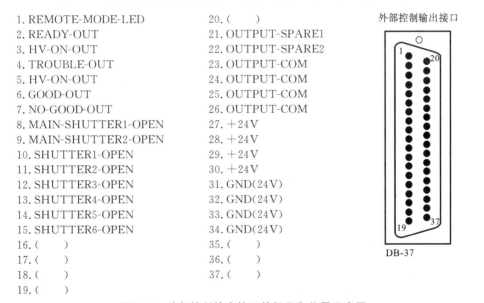

DB-37

图 5-18 外部控制输出接口的标示和位置示意图

连接器编号	描述
1	REMOTE-MODE-LED 本机正在受外部信号控制
2	READY-OUT 本机准备好输出激光
3	HV-ON-OUT 本机高压处于 ON 状态
4	TROUBLE-OUT 本机处于故障中
5	END-OUT 激光输出完成
6	GOOD-OUT 输出激光能量在设定范围内
7	NO-GOOD-OUT 输出激光能量不在设定范围内
8	MAIN-SHUTTER1-OPEN 主快门 1 的打开和关闭
9	MAIN-SHUTTER2-OPEN 主快门 2 的打开和关闭
10	SHUTTER1-OUT 外部控制快门 1 开关
11	SHUTTER2-OUT 外部控制快门 2 开关
12	SHUTTER3-OUT 外部控制快门 3 开关
13	SHUTTER4-OUT 外部控制快门 4 开关
14	SHUTTER5-OUT 外部控制快门 5 开关
15	SHUTTER6-OUT 外部控制快门 6 开关
16~22	空
23~26	公共端
27~30	焊接机内部电源（+24V）
31~34	内部地（GND）
35~37	空

图 5-19 外部控制输出接口的信号功能说明示意图

图 5-20 是某台焊接机利用外部控制输出接口实现控制功能的实际案例，从案例中看出，该台焊接机使用了 DB37 针上的 3、23、27、31 等端口实现了三色灯的控制功能。

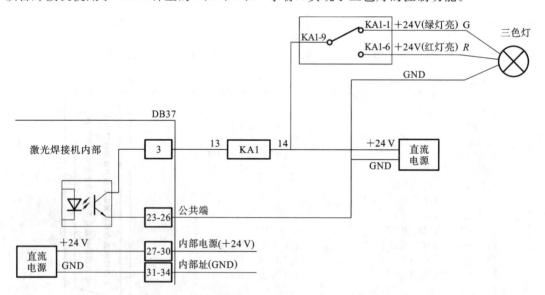

图 5-20 外部控制输出接口实现控制功能实际案例示意图

外部控制输出接口输出信号给其他设备工作时可以由用户提供 24 V 电源，接线方式如图 5-21 所示。也可使用焊接机自身提供的电源，接线方式如图 5-22 所示。

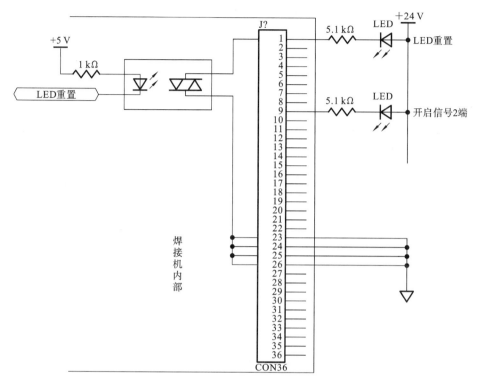

图 5-21 用户提供电源时外部控制输出接口的接线方式示意图

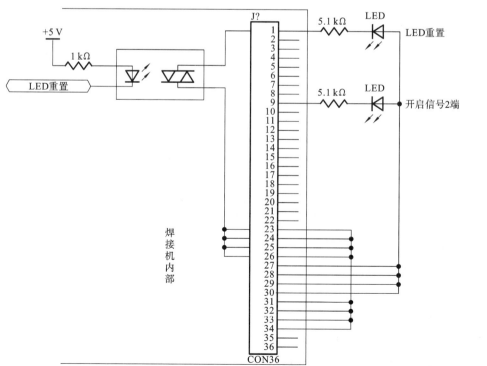

图 5-22 使用焊接机提供的电源时外部控制输出接口的接线方式示意图

5.1.4 整机质检知识

1. 质量检验过程概述

1）质量检验

质量检验就是对产品的一项或多项质量特性进行观察、测量、实验，并将结果与规定的质量要求进行比较，以判断每项质量特性合格与否的一种活动。

2）质量检验的方法

质量检验的方法一般有全数检验和抽样检验两种。

3）质量检验项目

（1）外观。一般用目视、手感、对比样品等方法进行验证。

（2）尺寸。一般用卡尺、千分尺等量具验证。

（3）特性。如物理的、化学的、机械的特性，一般用检测仪器和特定方法来验证。

4）质量检验依据下列一项或多项

（1）技术文件、设计资料，如《外购件技术要求》、《作业指导书》等。

（2）有关检验规范，如《进货检验和试验控制程序》、《工序检验标准》等。

（3）国际、国家标准，如《GB7247.14—2012 激光产品的安全》。

（4）行业或协会标准，如 TUV、UL、CCEE 等标准。

（5）客户要求。

（6）品质历史档案。

（7）比照样品。

（8）其他技术、品质文件。

5）缺陷等级

检验中发现不符合品质标准的瑕疵，称为缺陷。

（1）致命缺陷。能或可能危害消费者生命或财产安全的缺陷称为致命缺陷，用 CR 表示。

（2）主要缺陷。不能达成产品使用目的的缺陷称为主要缺陷，用 MA 表示。

（3）次要缺陷。并不影响产品使用的瑕疵，称为次要缺陷，用 MI 表示。

2. 打标机质量检验过程案例分析

表 5-1 所示的是某公司生产一台光纤传导激光焊接机的主机出厂检验记录报告，它由各个分项检验记录表构成，共有 11 项。

（1）焊接机各系统出厂编号记录单如表 5-2 所示。

（2）光学性能检测确认表如表 5-3 所示。

（3）冷却系统动作确认表如表 5-4 所示。

表 5-1　光纤传导激光焊接机的主机出厂检验记录报告表

主机出厂检验记录报告

设备编号		批准	审核	制作
序号	项目			
1	机器各系统出厂编号记录单			
2	光学性能检测确认表			
3	冷却系统动作确认表			
4	主机工作状态确认表			
5	系统综合检测报告单			
6	激光输出能量特性测试表			
7	主光路测试表			
8	分光精度光纤耦合效率表			
9	出厂检验报告单			
10	耦合效率测试记录			
11	装箱清单			

表 5-2　焊接机各系统出厂编号记录单

部件分类	主要内容	出厂型号、版本、编号
主机	CPU 版本	
光学系统	YAG 棒	
	腔体	
	氙灯型号	
	光纤	
冷却系统	冷水机	
控制系统	控制盒 MBOX	
	充电控制板	
	放电控制板	
	光路中转板	
	分光路开关板	
	充电驱动板	
	放电驱动板	
	预燃板	
	分时光路开关板	
	分光系统驱动板型	
	分光高速电机	

表 5-3 光学性能检测确认表

检 查 项 目		规定值	测定值	判定
① 激光能量负反馈状态测试 5 kW,10 ms,测试直径为 20～25 mm		(50±3％) J		OK/NG
② 激光能量负反馈状态测试 2.5 kW,6 ms,5pps,测试直径为 20～25 mm		(75±3％) W		OK/NG
③ 控制盒显示	单发 5 kW,10 ms	(50±3％) J		OK/NG
	连发 2.5 kW,6 ms,5pps	(75±3％) W		OK/NG
④ 光轴确认(用于对光治具检查)				OK/NG

表 5-4 冷却系统动作确认表

检 查 项 目	要　　求	实际	判　　定
① 水管有无漏水	无		OK/NG
② 螺钉紧固	紧固		OK/NG
③ 冷水机状况	无故障		OK/NG

（4）主机工作状态确认表如表 5-5 所示。

表 5-5 主机工作状态确认表

检 查 项 目	要　　求	实际	判　　定
① 充电声音	无异常		OK/NG
② 放电时间(放电到 36 V)	定时内放电(8 min 内完成)		OK/NG
③ 螺丝紧固	无松动		OK/NG
④ 标识贴纸	正确		OK/NG
⑤ 机箱门锁动作	正确		OK/NG

（5）系统综合检测报告单如表 5-6 所示。

表 5-6 系统综合检测报告单

检 查 项 目		规定值	判　　定
各种 LED 表示确认(目视)		点灯	OK/NG
控制锁开关动作确认		确认	OK/NG
工作异常动作确认	E01:机箱打开	确认	OK/NG
	E02:氙灯交换盖打开(暂时不检测)	确认	OK/NG
	E03:紧急停止	确认	OK/NG
	E04:水位异常	确认	OK/NG

续表

检 查 项 目		规定值	判 定
工作异常动作确认	E05:水泵过热(暂时不检测)	确认	OK/NG
	E06:流量不足	确认	OK/NG
	E08:水温过高	确认	OK/NG
	E09:水温过低	确认	OK/NG
	E10:充电单元1异常	确认	OK/NG
	E11:充电单元2异常	确认	OK/NG
	E14:预燃单元1异常	确认	OK/NG
	E15:预燃单元2异常	确认	OK/NG
	E19:主快门异常	确认	OK/NG
	E21:快门1异常	确认	OK/NG
	E22:快门2异常	确认	OK/NG
	E23:快门3异常	确认	OK/NG
	E24:快门4异常	确认	OK/NG
	E27:电池电压低下	确认	OK/NG
	E29:能量超出上限	确认	OK/NG
	E30:能量低于下限	确认	OK/NG
	E33:总击发数异常	确认	OK/NG
	E34:正品总数异常	确认	OK/NG
	E38:远程控制锁	确认	OK/NG
I/O信号确认 输入	控制方式转换	确认	OK/NG
	激光触发	确认	OK/NG
	激光停止	确认	OK/NG
	高压开/关(暂时不测)	确认	OK/NG
	错误复位	确认	OK/NG
	调整光	确认	OK/NG
	主快门	确认	OK/NG
	快门1	确认	OK/NG
	快门2	确认	OK/NG
	快门3	确认	OK/NG
	快门4	确认	OK/NG

检 查 项 目			规定值	判　定
I／O信号确认	输入	模式 1	确认	OK/NG
		模式 2	确认	OK/NG
		模式 4	确认	OK/NG
		模式 8	确认	OK/NG
		模式 16	确认	OK/NG
	输出	控制方式	确认	OK/NG
		系统准备好	确认	OK/NG
		高压指示	确认	OK/NG
		错误指示	确认	OK/NG
		激光输出完成	确认	OK/NG
		良品	确认	OK/NG
		不良品	确认	OK/NG
		主快门	确认	OK/NG
		快门 1	确认	OK/NG
		快门 2	确认	OK/NG
		快门 3	确认	OK/NG
		快门 4	确认	OK/NG
SIGNAL 波形记录 条件： 5.0 kW、10 ms			确认	OK/NG
水温显示确认			确认	OK/NG
风扇动作确认			确认	OK/NG
脚踏开关动作确认			确认	OK/NG
激光远程控制盒日期时间设定			确认	OK/NG
老化测试：能量负反馈方式（　　）kW（　　）ms（　　）pps　动作时间：2 h（　　）至（　　）			确认	OK/NG
主机振动时间(2 h 以上)确认：（　　）至（　　）			确认	OK/NG

（6）激光输出能量特性测试表如表 5-7 所示。

能量≤5J：控制盒显示－能量计显示，要求误差在±0.3 J。

能量>5J：(控制盒显示/能量计显示－1)×100%，要求误差在±3%。

表 5-7　激光输出能量特性测试表

设定脉冲宽	设定峰值功率	控制盒显示	能量计显示	误差	判　　定
1、3、5、7、10、15（ms）	1.0 kW				OK/NG
	2.0 kW				OK/NG
	3.0 kW				OK/NG
	4.0 kW				OK/NG
	5.0 kW				OK/NG
	6.0 kW				OK/NG
	7.0 kW				OK/NG
200 A	5.0 ms				
	10.0 ms				

（7）主光路测试表如表 5-8 所示。

表 5-8　主光路测试表

机器编号：　　　　　　　　　　光纤型号：　　　　　　　　出射头型号：

序号	参数			控制盒		实际值				损耗/（%）	
						主光路		聚焦头			
	峰值 /kW	脉宽 /ms	频率 /Hz	能量 /J	功率 /W	能量 /J	功率 /W	能量 /J	功率 /W	能量	功率
1											
2											
3											
4											
5											
6											
7											
8											
9											
10											

判定标准：损耗＝（聚焦头/主光路－1）%＜20%

（8）分光精度光纤耦合效率表如表 5-9 所示。

表 5-9　分光精度光纤耦合效率表

设定值		1.0 kW/5 ms	2.0 kW/5 ms	3.0 kW/5 ms	4.0 kW/5 ms	5.0 kW/5 ms
总入射能量/J						
各分光输入能量/J	分光 1					
	分光 2					
	分光 3					
	分光 4					
各分光出光能量/J	分光 1					
	分光 2					
	分光 3					
	分光 4					
耦合效率/(%)	分光 1					
	分光 2					
	分光 3					
	分光 4					
分光精度/(%)	分光 1					
	分光 2					
	分光 3					
	分光 4					
平　均　值						
判　定		OK/NG	OK/NG	OK/NG	OK/NG	OK/NG

判定标准:分光精度在±3%之内,耦合效率>90%

(9)出厂检验报告单如表 5-10 所示。

表 5-10　出厂检验报告单

检查项目	检查内容	判定内容	判定
生产工程确认	机器各部分编号	机器各部分出厂编号是否正确填入,是否签字	OK/NG
	电源检查	电源检查表是否签字	OK/NG
	光学检查表	光学检查表是否签字	OK/NG
用户订单	机型	用户订单机型确认是否正确	OK/NG
	附件订单	附件订单的品种、数量是否与订单一致	OK/NG
	订单备注	用户其他特殊要求确认是否正确	OK/NG

续表

检查项目	检查内容	判 定 内 容	判定
检测报告	测定值	检测值是否在规定值范围内,是否正常	OK/NG
	机能、I/O	检测值是否在规定值范围内,是否正常	OK/NG
	性能检查表	检测值是否在规定值范围内,是否正常	OK/NG
	最终确认检查表	检测值是否在规定值范围内,是否正常	OK/NG
数据确认	数据确认	激光输出数据表是否正确无误,有无漏检项目	OK/NG
动作确认	自检	加上电源后,自检自动完成,各个LED显示是否正常	OK/NG
表示确认	液晶屏、触摸屏	表示文字,按键反应是否正确	OK/NG
机器目测检查	防震处理	需要涂硅胶的地方是否涂有硅胶	OK/NG
	螺钉	电路板固定螺钉是否全部完好无缺	OK/NG
	漏水	水管及接头是否有漏水现象	OK/NG
	杂物	机箱内部是否有线头、扎线带等杂物	OK/NG
	装箱方向贴纸	装箱方向贴纸是否正确	OK/NG
外观检查	机箱油漆,印字	是否无划痕,印字端正清晰	OK/NG
	螺丝钉	所有螺钉是否都正确上紧,无松动现象	OK/NG
	电源线	电源线是否固定良好	OK/NG
	生产编号确认	机器内前部是否贴有生产编号、且与检测表号码相同	OK/NG
	警示标志	警示标志等是否正确	OK/NG
	控制盒	是否无划痕	OK/NG
包装前确认	放水	水箱里的水是否放掉	OK/NG
	水箱盖	水箱盖上标是否正确	OK/NG
附件	附件清单确认	按附件清单是否配齐	OK/NG

（10）光电转换效率表如表5-11所示。

表5-11 光电转换效率表

参 数	能量计功率	电功率计功率	光电转换效率	判 定
5.0 kW/2 ms/51 Hz	W	kW	%	OK/NG
5.0 kW/2 ms/58 Hz	W	kW	%	OK/NG

判定标准:光电转换效率=能量计功率/电功率计功率×100≥4%

（11）耦合效率测试记录表如表5-12所示。

表 5-12　耦合效率测试记录表

光路 1	1.0 kW/5 ms	2.0 kW/5 ms	3.0 kW/5 ms	4.0 kW/5 ms	5.0 kW/5 ms
输入能量/J					
平均值					
出光能量/J					
平均值					
耦合效率					
判断	OK/NG	OK/NG	OK/NG	OK/NG	OK/NG

（12）老化测试记录表如表 5-13 所示。

表 5-13　老化测试记录表

时　　间	控制盒显示能量/J	控制盒显示功率/W	备注
30 min			
60 min			
90 min			
120 min			

5.2　激光焊接机整机装调技能训练

5.2.1　整机装调技能训练

1. 整机装调技能训练概述

完成了光路传输系统装调技能训练的工作任务以后，激光光束能以要求的方式作用在工件上，但此时产生的激光光束只是一个原点光斑，必须配置运动工作台才能形成激光加工图形。同时，在焊接机出厂前，我们必须对激光焊接机的各项参数进行完整检验，以确保整机性能。

学习整机装调技能训练项目，可以掌握氙灯泵浦光纤传导激光焊接机的工作台系统主要元器件组成和工作原理，会进行工作台系统主要元器件的安装、连接与测试，会进行激光焊接机的主要参数的检验。

2. 整机装调技能训练目标要求

1）知识要求

（1）了解工作台系统的组成、器件的功能及工作原理。

（2）掌握多光路光纤传导激光焊接机整机测试的主要指标。

（3）掌握激光焊接机维护、维修的基础知识。

2）技能要求

（1）会填写工作台系统主要元器件领料单。

（2）会正确安装、连接工作台系统主要元器件，实现二维运动的功能。

（3）会填写光纤传导激光焊接机整机出厂检验记录报告中的主要参数。

（4）会分析激光焊接机的主要故障并提出解决方案。

3）职业素养

（1）遵守设备操作安全规范，爱护实训设备。

（2）积极参与讨论，注重团队协作和沟通。

（3）及时分析、总结整机装调技能训练项目进展过程中的问题，撰写项目报告。

3. 整机装调技能训练资源准备

1）设施准备

（1）1 台 75 W（或＞75 W）的氪灯泵浦光纤传导激光焊接机样机（主流厂家产品）。

（2）4～6 套激光焊接机工作台系统器件和与之对应的配件。

（3）5～10 套品牌钳工工具包。

（4）5～10 套品牌电工工具包。

（5）合适的多媒体教学设备。

2）场地准备

（1）满足激光加工设备的工作温度要求。

（2）满足激光加工设备的工作湿度要求。

（3）满足激光加工设备的电气安全操作要求。

3）资料准备

（1）主流厂家的氪灯泵浦光纤传导激光焊接机的使用说明书。

（2）主流厂家的步进电机及其驱动器的使用说明书。

（3）主流厂家的整机质检方案及对应的资料整理过程。

（4）与本教材配套的作业指导书。

4. 光路系统器件装调技能训练任务分解

根据项目三的描述，可以把项目三再分解为两个相对独立的任务。

1）任务 1

工作台器件的安装与调试，目的是形成功能完整、满足使用要求的工作台。

2）任务 2

焊接机整机质检，这是焊接机生产过程中的最后一项工作任务。

5.2.2 工作台装调技能训练

1. 工作台工作原理与器件组成

1）工作台工作原理概述

由前面的章节可知,工作台是一个由控制器驱动步进电机(伺服电机)旋转、与步进电机相连的丝杠跟随旋转、丝杠再带动螺母形成直线运动的装置,其核心装置是开(闭)环控制步进电机驱动系统,如图 5-23 所示。

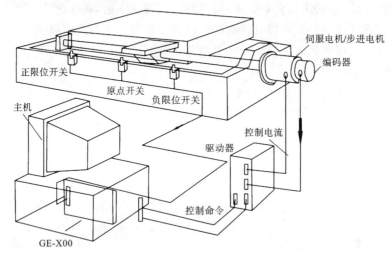

图 5-23　工作台系统组成示意图

图 5-24 所示的是一个四轴控制工作台的系统组成示意图。在激光焊接机中,除了 X-Y-Z 轴三维运动以外,第四轴可以作为旋转轴使用。

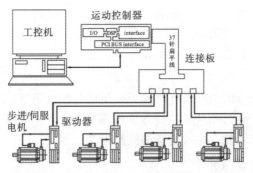

图 5-24　四轴控制工作台系统组成示意图

2）工作台电器控制电路分析

图 5-25 所示的是某厂家工作台的电器控制电路总图,按照控制信号的流程,可以看到该工作台可以通过面板发出手动指令,或用手编器发出自动控制指令,在控制器件 FX2N-20GM 的控制下送到 X 轴或 Y 轴驱动器 DM556,再连接 X 轴或 Y 轴步进电机推动工作台运动,如图 5-26 所示。

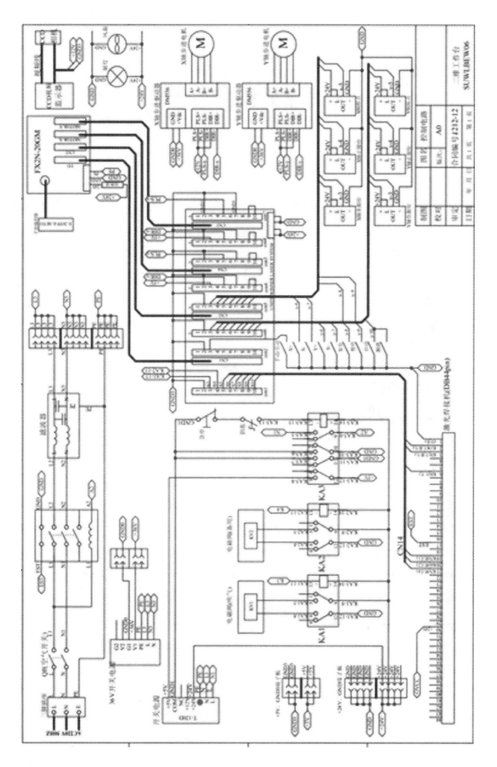

图 5-25 工作台控制电路图

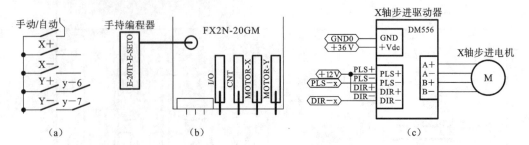

图 5-26 工作台运动流程图

3）二相步进电机驱动器功能与连接方式

以市面上激光加工设备最通用的 DM556 步进电机的驱动器来介绍驱动器的连接方式。

（1）实物外形与命名规则如图 5-27 所示。

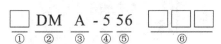

① 相数
　　空白：两相；3：三相
② 系列名
　　DM：雷赛数字式步进驱动产品
③ 类型
　　空白：直流；A：交流
④ 驱动器最大工作电压
　　5：乘以10表示电压为50 V
⑤ 驱动器最大电流
　　56：除以10表示电流最大值为5.6 A
⑥ 设计变更代码

图 5-27 DM556 驱动器实物外形与命名规则示意图

（2）主要参数如表 5-14 所示。

表 5-14 DM556 驱动器主要参数表

型号	相数	电流/A	电压/V	细分数	适配电机	控制信号
DM556	两相	2.1～5.6	18～48 DC	1～128	57,60,86	差分/单端

（3）控制信号接口定义如表 5-15 所示。

表 5-15 DM556 驱动器控制信号接口定义表

名　　称	功　　能
PUL＋	脉冲输入信号
PUL－	
DIR＋	方向输入信号
DIR－	
ENA＋	使能控制信号，ENA接低电平时，不响应步进脉冲，不需此功能时悬空
ENA－	

（4）功率接口定义如表 5-16 所示。

表 5-16　DM556 驱动器功率接口定义

名　　称	功　　能
GND	直流电源地
＋VDC	直流电源正,范围＋18 V～＋48 V,推荐＋36 V
A＋、A－	电机 A 相绕组
B＋、B－	电机 B 相绕组

（5）拨码设定如图 5-28 所示。

DM556 驱动器采用八位拨码开关设定细分、运行电流、静止半流以及控制参数自整定。

图 5-28　DM556 驱动器拨码开关设定示意图

（6）运行电流设定如表 5-17 所示。

表 5-17　DM556 驱动器细分拨码 SW1～SW3 设定表

输出峰值电流	输出有效值电流	SW1	SW2	SW3
Default		off	off	off
2.1A	1.5A	on	off	off
2.7 A	1.9 A	off	on	off
3.2 A	2.3 A	on	on	off
3.8 A	2.7 A	off	off	on
4.3 A	3.1 A	on	off	on
4.9 A	3.5 A	off	on	on
5.6 A	4.0 A	on	on	on

当 SW1、SW2、SW3 均为 off 时,可以通过 PC 软件设定为所需电流,最大值为 5.6 A,分辨率为 0.1 A。不设置则默认峰值电流为 1.4 A。

静止电流用 SW4 拨码开关设定,off 表示静止电流设为运行电流的一半,on 表示静止电流与运行电流相同。一般在使用中应将 SW4 设成 off,使得电机和驱动器的发热减少,能耗降低,可靠性提高。脉冲信号停止 0.4 s 后电流自动减半,发热量理论上减 25％。

（7）DM556 驱动器细分设定如表 5-18 所示。

当 SW5～SW8 均为 on 时,驱动器使用内部默认细分为 200 ppr,用户可以通过上位机软件进行细分设置,最小为 200 ppr,最大为 51200 ppr。

（8）参数自整定功能。

若 SW4 在 1 s 之内往返拨动一次,驱动器便可自动完成电机参数识别以及控制参数自整定。在电机、供电电压等条件发生变化时请进行一次自整定,否则,电机可能会运行不正常。注意此时不能输入脉冲,方向信号也不应变化。

表 5-18 DM556 驱动器细分设定表

步数/ppr	SW5	SW6	SW7	SW8
Default	on	on	on	on
400	off	on	on	on
800	on	off	on	on
1600	off	off	on	on
3200	on	on	off	on
6400	off	on	off	on
12800	on	off	off	on
25600	off	off	off	on
1000	on	on	on	off
2000	off	on	on	off
4000	on	off	on	off
5000	off	off	on	off
8000	on	on	off	off
10000	off	on	off	off
20000	on	off	off	off
25000	off	off	off	off

实现方法 1:SW4 由 on 拨到 off,然后在 1 s 内再由 off 拨回到 on。

实现方法 2:SW4 由 off 拨到 on,然后在 1 s 内再由 on 拨回到 off。

(9) DM556 驱动器共阳极/共阴极控制法,如图 5-29 所示。

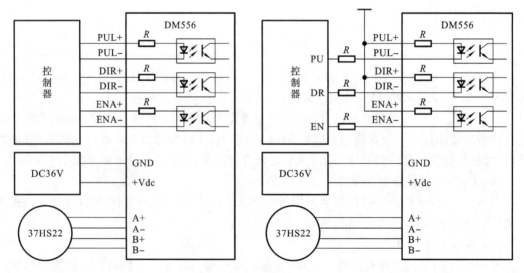

图 5-29 DM556 驱动器共阳极/共阴极控制法

VCC 电压注意事项如下。

① VCC＝5 V 时,信号端无需串联电阻;

② VCC＝12 V 时,信号端需要串联 1 kΩ 左右的电阻,$R=1\ \text{k}\Omega/0.25\ \text{W}$;

③ VCC＝24 V 时,信号端需要串联 2 kΩ 左右的电阻,$R=2\ \text{k}\Omega/0.25\ \text{W}$。

④ 驱动器内部限流电阻为 270 Ω。

2. 打标机质量检验过程技能训练

(1) 搜集工作台电控器件装调信息,填写表 5-19。工作台电控器件的第一步工作是进行工作台电控器件及附件的信息收集与分析,掌握主要器件及附件的品牌、规格、性能、价格与作用等。上述信息在教材的理论知识部分和作业指导书中都有叙述,只要将其搜集整理在表 5-19 中即可。

表 5-19 工作台电控器件装调信息表

类型	序号	名 称	选型依据	供应商	规格型号	价格
主要结构件	1	配电板				
	2	控制柜				
	3	工作台操作面板				
	4	工作台平台				
主要器件	1	线槽				
	2	滤波器				
	3	开关电源				
	4	中间继电器				
	5	接口板				
	6	驱动器				
	7	航空插头				
	8	风扇				

(2) 识别工作台装调主要器件与材料,填写如表 5-20 所示的领料单。

表 5-20 工作台装调领料单

领料单					No.	
领用项目:						
编码	名称	型号/规格	单位	数量	检验	备注

记账:　　发料:　　主管:　　　　领料:　　检验:　　制单:

（3）制定工作台装调工作计划，填写表5-21。

表 5-21　工作台装调工作计划表

序号	工作流程	主要工作内容	
1	任务准备	填写领料单	
		工具准备	
		场地准备	
		资料准备	
2	工作台装调连接工作计划	1	检查所有器件是否完整、导线是否合格
		2	将线槽、电源元器件安装在配电板上
		3	将驱动器安装在配电板上
		4	设置驱动器细分拨码
		5	连接驱动器控制信号线、电机
		6	将接线排安装在配电板上
		7	连接控制面板与各个器件的接线
		8	连接完成后进行质量检测
3	注意事项		

（4）根据实际工作台装调连接器件，填写表5-22。

表 5-22　工作台装调连接工作记录表

工作流程	工作内容	工作记录	存在问题及解决方案
任务准备	填写领料单		
	工具准备		
	场地准备		
	资料准备		
工作台装调工作流程			

（5）任务检验与评估，填写如表5-23所示的质量检查表。

表 5-23　工作台装调工作质量检查表

项目任务	连接器件	作　业　标　准	作业结果检测	
			合格	不合格
子任务 1	控制元器件固定与安装	检查线槽安装正确、固定牢固		
		线排、空开、交流接触器等元器件安装正确、固定牢固		
子任务 2	驱动器安装与线路连接	驱动器细分拨码正确		
		驱动器控制电线按电路图正确连接		
		驱动器与电机线路正确连接		
子任务 3	端子板安装及线路连接	端子板固定牢固		
		端子板与各元器件按电路图正确连接		

5.2.3　激光焊接机整机质检技能训练

1. 整机质检技能训练工作任务描述

完成了工作台装调技能训练的工作任务以后,焊接机整机经过质检就可以正式交付客户了,这是激光焊接机生产过程中的最后一项工作任务。

2. 整机质检技能训练工作任务目标要求

1) 知识要求

(1) 掌握光纤传导激光焊接机整机质量的评价标准。

(2) 掌握光纤传导激光焊接机使用说明书的基本内容。

2) 技能要求

(1) 会进行光纤传导激光焊接机的整机质检。

(2) 会编写光纤传导激光焊接机使用说明书的基本内容。

3) 职业素养任务

(1) 遵守设备操作安全规范,爱护实训设备。

(2) 积极参与过程讨论,注重团队协作和沟通。

(3) 及时分析总结整机质检技能训练过程中的问题,撰写项目报告。

3. 整机质检技能工作任务资源准备

1) 设施准备

(1) 1 台 75 W 光纤传导激光焊接机样机(主流厂家产品)。

(2) 4~6 套安装完成了主机和工作台装调工作任务的整机和与之对应的配件。

(3) 5~10 套品牌钳工工具包。

(4) 5~10 套品牌电工工具包。

(5) 合适的多媒体教学设备。

2）场地准备

（1）满足激光加工设备的工作温度要求。

（2）满足激光加工设备的工作湿度要求。

（3）满足激光加工设备的安全操作要求。

3）资料准备

（1）主流厂家的光纤传导激光焊接机的使用说明书。

（2）主流配套厂家的核心部件的使用说明书。

（3）与本工作任务配套的作业指导书。

整机质检技能训练是一个独立的工作任务，不进行任务分解。

4）搜集整机质检信息，制作整机质检表

整机质检技能训练的第一步工作是对焊接机整机质检的主要项目和内容进行收集整理，在第 5.1.4 节中做过详细的介绍，在实际训练中可以根据实际教学条件做适当选取即可。

4. 实战技能训练

实施整机质检过程，填写检查结果。

5. 任务检验与评估

整机质检任务完成后，可以评估整个项目的工作质量。

5.3　激光焊接机整机维护保养知识

5.3.1　激光焊接机维护保养知识

1. 日常维护保养知识

1）日常维护保养主要内容

（1）防尘与去尘。

灰尘会使电器元器件绝缘性能变坏而导致电击穿，会使运动系统磨损加剧导致精度降低，会使光路系统出光变弱和不出光。

平时要用抹布将设备外表擦洗干净，用长毛刷和高压气枪把设备内部灰尘冲刷干净。

（2）防热与排热。

温升会使设备绝缘性能下降，电器元器件参数变差。打标机通常规定工作环境不超过 40 ℃，以 20～25 ℃最为合适。

（3）防振与防松。

激光焊接机对振动特别敏感，工作环境应该选择远离有冲床、重物搬运等有振动源的场所，建议安装防振垫，连接松动时应重新加固。

（4）防干扰与防漏电。

激光焊接机电磁环境主要包括周围电磁场、供电电源品质、信号电气噪声干扰三个内容。

手机高频信号就是导线周围的电磁场,有时能干扰振镜打标信号。

供电电源品质较好的电网频率波动范围为±0.5%,幅度波动范围为±10%,若供电电源品质差,则应配置电源稳压器或 UPS 电源。信号线和电源线之间、信号线与信号线之间有时会产生电或磁的耦合引起电气噪声干扰,如 Q 高频信号线与振镜信号线不能缠绕在一起,一般要将这两根信号线拉开一定的距离。

打标机的机壳接地不但能防止漏电危险,还能防止电网对设备的干扰。

如果客户安装环境没有地线,可以将一根 1 米以上的扁平铁打入室外地下当地线使用,在临时应急使用时可将地线接到供水的钢铁管上使用。

2)日常维护保养总体注意事项

(1)设备不工作时应切断激光焊接机所有六大系统的全部电源。

(2)设备不工作时应将机罩密封好,场镜镜头盖盖好,防止灰尘进入激光器及光路系统。

(3)设备工作时激光焊接机呈高压状态,非专业人员不准开机检修,以免发生触电事故。

(4)设备工作时激光焊接机出现任何故障(如漏水、电源异常、烧保险、激光器有异常响声等)应立刻切断总电源。

(5)设备工作时不得挪动激光焊接机。

(6)设备工作时激光焊接机上不要覆盖或堆放任何物品,以免影响散热效果。

2. 光学元器件维护保养知识

1)光学元器件维护保养注意事项

(1)维护保养时应佩戴无粉指套或橡胶/乳胶手套。

(2)勿使用任何工具(包括镊子)夹持光学元器件。

(3)光学元件要放置在柔软工作台的拭镜纸上。

(4)不可清洁或触摸裸露在外的金或铜的表面。

(5)所有光学元器件都是易碎品,注意防止掉落。

(6)维护保养光学元器件时要从安装支架上取出光学元器件。

2)光学元器件维护保养步骤

光学元器件的维护保养按污染的严重程度可以部分或全部实施以下步骤,如图 5-30 所示。

(1)步骤 1,针对轻度污染(灰尘、纤维微粒)进行柔性清洁。

用吹气球吹掉光学元器件表面散落的污染物。不准使用空压机的压缩空气,它们含有的油和水会在元器件表面形成有害的吸收层。

(2)步骤 2,针对轻度污染(污渍、指印)进行柔性清洁。

用无水乙醇与乙醚按 3∶1 的比例制造混合液,或用异丙醇酒精或丙酮浸润签体纯纸杆的棉签或高质量的医用棉球,轻轻擦拭光学元器件的表面。

擦拭光学元器件应将棉签或棉球从内到外朝一个方向轻轻螺旋运动擦拭,直到光学元器件的边缘,注意不要来回擦拭,如图 5-31 所示。

擦拭时要使用试剂级的溶液,还要控制擦拭速度,使用棉球后留下的液体恰好能立即蒸发不留下条痕,每擦试一次都要更换棉签或棉球。

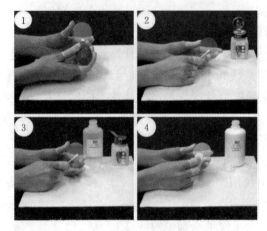

图 5-30　光学元器件维护保养步骤示意图

（a）正确　　　　　（b）错误

图 5-31　光学元器件擦拭方法示意图

步骤 2 还可以采用拖动法擦拭，它是将高品质拭镜纸放在光学元器件的表面，使用滴管挤出几滴溶液在拭镜纸上润湿整个光学元器件的直径，在光学元器件上拖动拭镜纸并控制速度，使用拭镜纸后留下的液体恰好能立即蒸发。

（3）步骤 3，针对中度污染（唾液、油）进行中等强度的清洁。

使用含有 6% 醋酸成份的蒸馏白醋浸润签体纯纸杆的棉签或高质量的医用棉球，轻微擦拭光学元器件的表面，再用干棉签或棉球擦去多余的蒸馏白醋，最后用步骤 2 中的溶液浸润棉签或棉球轻轻擦拭表面，以去除所有醋酸。

（4）步骤 4，对受到严重污染（泼溅物）的光学元器件进行强力清洁。

受到严重污染和较脏的光学元器件需要使用光学抛光剂去除具有吸收作用的污染层。

① 晃动并打开光学抛光剂，倒出四五滴在棉球上并轻按在光学元器件表面以划圆的方式轻轻移动棉球，同时不断旋转光学元器件，清洁所用的时间不应超过 30 s。注意勿施加太大压力，避免在光学元器件的表面造成划痕，如果发现元器件表面颜色发生变化说明薄膜涂层外部已被腐蚀，应立即停止抛光。

擦拭安装在支架上的光学元器件应使用绒头棉签而不是棉球，元器件的直径较小时不要施加过大的压力。绒头棉签是将一根棉签放在不含有外部微粒的泡沫上前后摩擦产生绒毛的棉签。

② 用异丙醇酒精迅速润湿绒头棉签轻轻地对光学元件表面进行彻底清洁，尽可能多地清除抛光残渣。

光学元器件尺寸大于或等于 2.00 英寸（1 英寸＝2.54 厘米）时可以用棉球代替棉签。

③ 用丙酮浸湿绒头棉签清洁光学元件的表面，去除在清洁过程中残留的所有异丙醇酒精和抛光残渣。

当用丙酮进行最后清洁时请在光学元器件上轻轻拖动棉签，拭去原先留下的痕迹直到整个表面都被擦拭干净为止。做最后一个擦拭动作时应慢慢移动，以确保棉签擦拭后的表面能立即变干，并消除表面的条痕。

擦拭安装在支架上的光学元器件时可能无法去除表面上所有的残渣痕迹，特别是在外侧边缘附近，此时应确保剩余的残渣只留在光学元器件的边缘，而不是中心。

在良好的光线下,迎光以黑色背景为衬托仔细检查光学元器件的表面,擦拭后应光亮透明,表面无尘,如果还有可见的抛光残渣则需要多次重复步骤①～③。

某些类型的污染或损坏(如金属泼溅物、坑洞等)是无法去除的,这时只能更换。

注意,步骤 4 不能用于新的或未使用过的激光光学元器件,只有光学元器件在使用中被严重污染,且在执行步骤 2 或 3 后未能取得清洁效果的情况下才能使用这一步骤。

3. 机械传动部件维护保养知识

图 5-32 所示的是某台激光设备沿 Z 轴运动时机械传动系统部件的示意图,通过同步带传动系统和丝杆螺母传动系统把电机的旋转运动改变为沿 Z 轴的直线运动。机械传动系统部件主要有电机、同步带、同步带轮、导轨、滑块、螺母座、轴承座等。

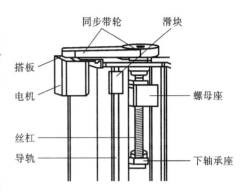

图 5-32　机械传动系统部件示意图

1) 导轨及滑块组件的维护保养

导轨及滑块组件起导向和支承作用,要求其有高导向的精度和良好的运动平稳性。

(1) 导轨的清洁与维护。关闭电源,用棉布顺着导轨的轴反复来回擦拭,直到光亮无尘后在表面加少许润滑油(可采用缝纫机油,切勿使用机油)并使其均匀分布于表面。

(2) 滑块(金属导轮)的清洁、维护与更换。滑块的清洁、维护与导轨的清洁、维护方法相同。

滑块是易磨损件,更换时要调整好导轨与滑块之间的间隙,调节方法为先调节滑块上的偏心轮使金属导轮轮面刚好接触导轨,锁紧滑块固定螺丝,再锁紧偏心轮上的紧定螺钉。

2) 同步带及同步带轮的维护保养

同步带及同步带轮容易出现微量拉伸变长松动,要适时进行调整。同步带的松紧度一般应调整到按压同步带中部,其下沉量为两端带轮的中心距的 3%～5%。

调整过紧不仅会使传动带易拉伸变形,而且还会加速电机轴承磨损,调整过松则会造成传动精度不准和同步带灵敏度降低。所以对同步带的张力应调整到最佳状态。

同步带应远离油或化学品,严禁与酸、碱、油及有机溶剂接触,保持干燥、清洁的状态。

同步带严重老化(或磨损)必须及时更换并注意与同步带轮匹配。同步带轮也会出现松动和磨损现象,要及时更换和锁紧,注意同步带轮与同步带要匹配。

3) 丝杆、螺母座、轴承座的维护保养

丝杆、螺母座、轴承座会产生松动,要观察有没有异响并及时紧固和维护,第一次紧固应在设备使用了一个月左右。

4. 电气元器件的维护保养

电气元器件主要是指限位开关、传感器、操作按钮、工作指示灯等。

1) 限位开关

至少每月检查一次限位开关是否有效,步骤如下。

启动机器回零,使运动轴做极限位置运动,如运动轴到达极限位置时停止运动,则证明限位开关工作正常,如到达极限位置时还继续运动,则说明限位开关已损坏。

2)各按钮及指示灯的维护

断开相关电气连接后用万用表测量按钮触点接通及断开动作是否正常,有意触发各种工作和报警状态,测试警示灯、信号指示灯是否正常。

5. 辅助配件的维护保养

激光设备还需要一些辅助配件,比如风机、气泵、水箱等,如图 5-33 所示,维护保养以实际设备的说明书为准。

（a）气泵　　　　　　　（b）水箱、水泵　　　　　　　（c）风机

图 5-33　激光设备主要的辅助配件示意图

5.3.2　激光焊接机常见故障及排除方法

由于使用或其他原因,激光焊接机可能会出现故障,判断和排除简单的故障是设备调试人员应具备的基本能力,随着设备的自动化程度的提高,现在的设备在任何时候出现故障,故障信息都会显示在液晶屏上,便于用户在设备异常的时候采取相应的措施。

表 5-24 列举了简单的故障现象及解决方法,比较系统和复杂的故障需要针对不同的机型详细分析,我们将在以后的系列教材中专题解决。

表 5-24　简单故障现象及解决方法表

错误代码	内容描述	原因及对策
01	机箱打开	机箱顶盖或两侧的盖子没有盖上,或固定盖子的螺丝没锁紧,盖好盖子或锁好螺丝即可
02	保留	
03	紧急停止	关闭外部电路的紧急停止信号或者复位 MBOX 和机箱面板上的急停开关
04	水位异常	水箱里面的水太少,请往水箱里加去离子水
05	保留	
06	流量不足	冷却水流量不足,过滤器水管堵塞,清理或者更换过滤器和水管
07	水绝缘度过低	需更换水箱里的去离子水或更换交换树脂
08	水温过高	检查背面风扇通风口是否有灰尘堵塞,清理灰尘,确保环境温度不高于 30 ℃

续表

错误代码	内 容 描 述	原 因 及 对 策
09	水温过低	环境温度低,开机后先等待一段时间再工作
10、11	充电单元1或2异常	长时间未充满电或电压太高,检查市电电压是否不足或电源线是否破损
12、13	放电单元1或2异常	频繁开关,高压导致,解决不了请厂家专业维修
14、15	预燃单元1或2异常	关机检查激光灯连接线是否正确,重新开机还是出现该问题,请厂家专业维修
16	保留	
17	充电未完成	充电电压过高或过低,解决不了请厂家专业维修
18	保留	
19	主快门异常	检查主快门是否有杂物,解决不了请厂家专业维修
20	保留	
21、22、23 24、25、26	快门1异常 快门2异常 快门3异常 快门4异常 保留 保留	检查快门是否有杂物,解决不了请厂家专业维修
27	电池电压低下	锂电池电压不足,更换电池
28	内存异常	锂电池电压不足,更换电池
29	能量超出上限	检查能量上限的设定值是否低于监视到的值,如果监视的值有问题,请联系厂家
30	能量低于下限	检查能量下限设定值是否高于监视到的值,如果监视的值有问题,请联系厂家
31	电力投入过大	① 检查"焊接波形数据"里面的投入项是否为0,为0则将其设置为100%;② 激光能量超出了最大功率限制,减小频率、脉宽或峰值
32	负反馈异常	实际能量小于0.3J会出现,检查设定能量是否过小,如果设定能量正常,请厂家专业维修
33	总击发数异常	已经达到输出激光总数上限,重新设定数据
34	良品数异常	注意检查产品是否合格
35	保留	
36	保留	
37	快门未打开	触发激光时,快门要打开
38	远程锁打开	打开前门,检查DB15的9和11脚是否短路
39	超过最大功率	激光能量超出最大功率,减小频率、脉宽或峰值

附录 激光焊接机装调作业指导书

文件编号	项目名称	工作任务	产品名称	产品型号	分发部门
005-1303	主要器件连接	主机电控器件装调	多光路光纤传导激光焊接机	GJD-HWLW 075A	

装配示意图：

作业过程：

(1) 取空气开关一个，用自带的螺钉将其固定在机架上，如图所示。

(2) 检查螺钉是否锁紧，空气开关方向是否装对（扭力标准 18 N·m）。

(3) 将熔断器底座卡在电气安装轨槽上，如图。

(4) 在底座装入 3 个规定型号的熔断器。

(5) 取已接好线的开关插座，用插座自带螺钉固定在图示位置。

(6) 盖上螺孔塞子。

需备零部件

序号	名称/型号	单位	数量
1	熔断器底座/FERRAZ	个	1
2	熔断器/BUSSMANN	个	1
3	空气开关/BW100EAG-3P100	个	1
4	开关插座/奇电 HZ-Q	个	1
5	螺钉	颗	若干

工具、量具

序号	名称	单位	数量
1	十字螺丝刀	套	1

编制（日期）	审核（日期）	校对（日期）	批准（日期）	共 27 页 第 1 页

文件编号	项目名称	主要器件连接	产品名称	多光路光纤传导激光焊接机	分发部门	
005-1303	工作任务	主机电控器件装调	产品型号	GJD-HWLW 075A		

装配示意图：

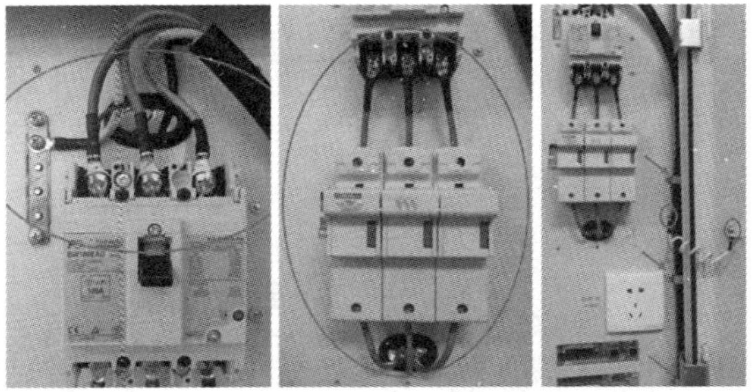

作业过程：

(1) 取已加工好的电缆线 AK-01,将黄色地线接在接地铜条上。

(2) 把电缆棕色、蓝色、灰色线依次接在空气开关的输入端。

(3) 将插座的棕色线与电缆棕色线一并接在空气开关的输入 1 脚,并把电缆黑色零线伸到机架内,如图所示。

(4) 检查螺钉是否拧紧,各线是否接对(扭力标准 30 N・m)。

(5) 取加工好的电线 AK-02-(01-06),将线接在熔断器座和空气开关输出端,如图所示。

(6) 检查螺钉是否拧紧,熔断器座材是否接到位(扭力标准 18 N・m)。

(7) 将输入电缆线用 3 个 R 型压线夹固定在机架上,如图,取加工好的地线接在前门与机架的接地孔上,如图所示,检查螺钉是否锁紧,电缆线有无破皮损伤。

工具、量具

序号	名称	单位	数量
1	十字螺丝刀	套	1

需备零部件

序号	名称 / 型号	单位	数量
1	电缆线 / AK-01	根	1
2	电线 / AK-02-(01-06)	根	1
3	地线	根	1
4	R 型压线夹	个	3

编制(日期)	校对(日期)	审核(日期)	批准(日期)	共 27 页	第 2 页

文件编号	项目名称	工作任务	主要器件连接	产品名称	产品型号	分发部门
005-1303		主机电控器件装调		多光路光纤传导激光焊接机	GJD-HWLW 075A	

装配示意图：

作业过程：

(1) 取装好校正电容的交流接触器，用 M3 * 12 组合螺钉将其固定在图标位置。

(2) 取加工好的黑色电子线 AK-08-02，接在继电器 A2 端，如图所示。

(3) 将相序保护继电器底座上 6 脚引出的电子线接在交流接触器的 A1 端。

(4) 取加工好的电线 AK-04-(01-02)，将黑色电线和接 A2 的黑色电子线一并接在交流接触器的 L3 端，如图所示。

(5) 将红色电线和相序保护继电器底座上 5 脚引出的电子线一并接在交流接触器的 L1 端，如图所示。

(6) 检查螺钉是否锁紧，线材是否接对（组力标准 30 N·m）。

(7) 取加工好的电线 AK-06-(01-02)，将红色电线与环型隔离变压器（带保险管）引线接在交流接触器的 T1 端。

(8) 将黑色电线与环型隔离变压器的另一引线接在交流接触器的 T3 端，如图所示。

工具、量具

序号	名称	单位	数量
1	十字螺丝刀	套	1

备品零部件

序号	名称/型号	单位	数量
1	交流接触器/CJX2-1201/20A	个	1
2	组合螺钉/M3 * 12	颗	1
3	电线/AK-08-02	根	2
4	电线/AK-04-(01-02)	根	2
5	电线/AK-06-(01-02)	根	2

编制（日期）	校对（日期）	审核（日期）	批准（日期）	第 3 页	共 27 页

文件编号	项目名称	主要器件连接	产品名称	分发部门
005-1303	工作任务	主机电箱器件装调	产品型号	
			多光路光纤传导激光焊接机	
			GJD-HWLW 075A	

装配示意图：

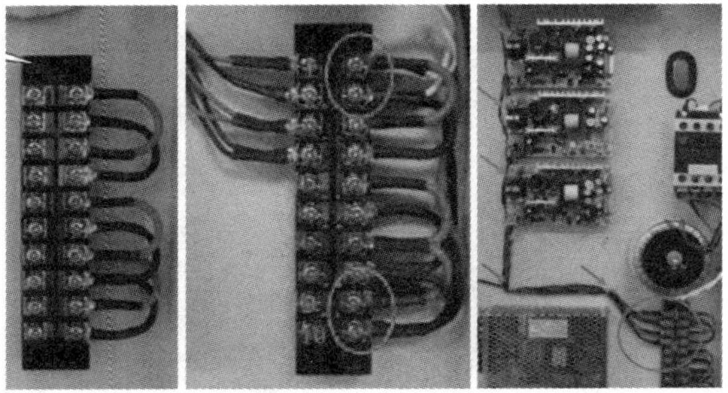

作业过程：

(1) 取已加工好的 TB2510 接线排一个，按图示用 M3*10 组合螺钉将其固定在机架上。

(2) 将环型隔离变压器的次级引线（白色）接在 TB2510 接线排的 1,2 端。

(3) 将电线 AK-06-(01-02) 的红、黑色线分别接在接线排的 9,10 端，如图所示。

(4) 将四个开关电源输入线分为红、黑两组，对应接在 TB2510 接线排的 1-4 端口，如图所示。

工具、量具

序号	名称	单位	数量
1	十字螺丝刀	套	1

需备零部件

序号	名称/型号	单位	数量
1	接线排/TB2510	个	1
2	组合螺钉/M3*10	颗	若干
3	电线/AK-06-(01-02)	根	1

编制（日期）	校对（日期）	审核（日期）	批准（日期）	共 27 页	第 4 页

文件编号	项目名称	主要器件连接	产品名称	分发部门
005-1303	工作任务	主机电整器件装调	多光路光纤传导激光焊接机	
			产品型号　GJD-HWLW 075A	

装配示意图：

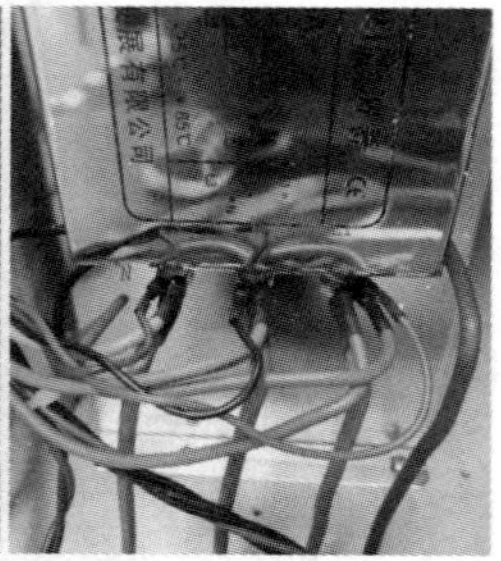

作业过程：

(1) 取加工好的滤波器，按图示用 M4*10 组合螺钉固定在机架内。

(2) 取加工好的蓝色电线 AK-02-07 和滤波器地线，将电线接滤波器的 N 端，地线接滤波器的 G 端，如图所示。

(3) 将连接保险座电线 AK-03-(01-04) 分别接在滤波器的 L1,L2,L3 端。

(4) 将电线 AK-02-(04-06) 和 380 V 航插的棕、蓝、绿、黑线分别接滤波器的 11,12,13N 端。

(5) 将接相序电子线的棕、黑、蓝线分别接滤波器的 11,12,13 端。

(6) 将电线 AK-04-(01-02) 的红、黑线分别接在滤波器的 L1 和 N 端。

(7) 检查各线位置是否接对，螺母是否锁紧。

工具,量具

序号	名称	单位	数量
1	十字螺丝刀	套	1

需备零部件

序号	名称/型号	单位	数量
1	滤波器	个	1
2	组合螺钉/M4*10	颗	若干
3	电线/AK-03-(01-04)	根	若干
4	电线/AK-04-(01-02)	根	若干

编制（日期）	校对（日期）	审核（日期）	批准（日期）	共 27 页	第 5 页

文件编号	项目名称	主要器件连接	产品名称	多光路光纤传导激光焊接机	分发部门
005-1303	工作任务	主机电控器件装调	产品型号	GJD-HWLW 075A	

装配示意图：

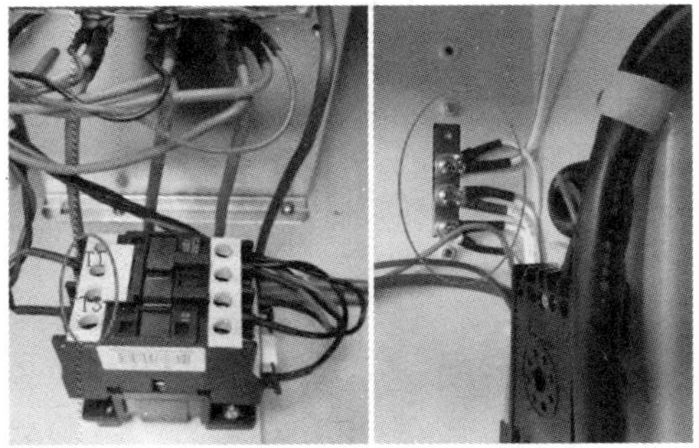

作业过程：

（1）将水泵电源线从过线孔穿过来接在交流接触器的 T1、T3 端，如图所示。

（2）依次将水泵地线，开关电源地线，航插地线接地。

（3）滤波器地线和光学底板接地线接在机架的接地铜条上，如图所示。

工具、量具

序号	名称	单位	数量
1	十字螺丝刀	套	1

需备零部件

序号	名称/型号	单位	数量
1	十字槽盘头组合螺钉	颗	1
2	电线	根	若干

编制（日期）	校对（日期）	审核（日期）	批准（日期）	共 27 页　第 6 页

文件编号	项目名称	主要器件连接	产品名称	多光路光纤传导激光焊接机	分发部门	一
005-1303	工作任务	氙灯泵浦激光器安装调试	产品型号	GJD-HWLW 075A		

装配示意图：

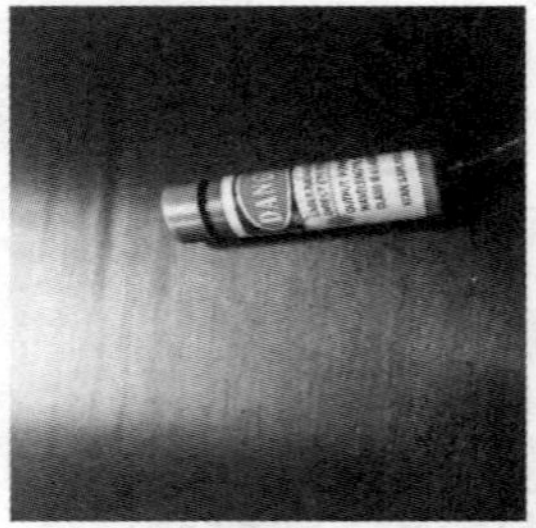

作业过程：

(1) 给基准光源供 5 V 的直流电源。

(2) 调节基准光源聚焦旋钮将基准光聚焦为最细。

(3) 将基准光源插入调整架并锁紧。

(4) 将锁紧基准光源的基准光架轻微固定在光路平台上。

(5) 将 2 片小孔基准片插在光路平台上的基准槽内。

(6) 调节基准架上的 4 个调整旋钮使基准光同时穿过 2 片小孔基准片的小孔。

(7) 锁紧基准架的调整旋钮并将调整架固定在光路平台上。

工具、量具

序号	名称	单位	数量
1	内六角	套	1

需备零部件

序号	名称/型号	单位	数量
1	基准光源	个	1
2	四维基准光调整架	个	1
3	基准光源小孔基准片	个	2
4	内六角螺丝	颗	2

编制（日期）	校对（日期）	审核（日期）	批准（日期）	共 27 页	第 7 页

文件编号	项目名称	产品名称	分发部门
005-13C3	工作任务	产品型号	
	主要器件连接 氙灯泵浦激光器安装与调试	多光路光纤传导激光焊接机 GJD-HWLW 075A	

装配示意图：

作业过程：
(1) 清洗激光棒。
(2) 将激光棒两端装上金属棒套。
(3) 将激光棒插入腔体中间，并在两端套上密封圈。
(4) 用激光棒压块压紧激光棒。

备注：
(1) 金属棒套安装时必须压紧棒套内密封圈，并使两端套入棒的距离相等。
(2) 激光棒插入腔体中间后保证露出的两头等长。
(3) 激光棒压块上紧时螺丝应该依次轮流旋转，不可一次性将某一螺丝直接上紧。

工具、量具

序号	名称	单位	数量
1	内六角	套	1

需备零部件

序号	名称/型号	单位	数量
1	激光棒	根	1
2	金属棒套	个	1
3	金属棒套密封圈	个	2
4	激光棒密封圈	个	2
5	激光棒压块	个	2
6	腔体	个	1
7	内六角螺丝	颗	6

编制（日期）	校对（日期）	审核（日期）	批准（日期）	共 27 页　第 8 页

| 文件编号 | 005-1303 | 项目名称 | 工作任务 | 主要器件连接 | 氙灯泵浦激光器安装与调试 | 产品名称 | 多光路光纤传导激光焊接机 | 产品型号 | GJD-HWLW 075A | 分发部门 | |

装配示意图：

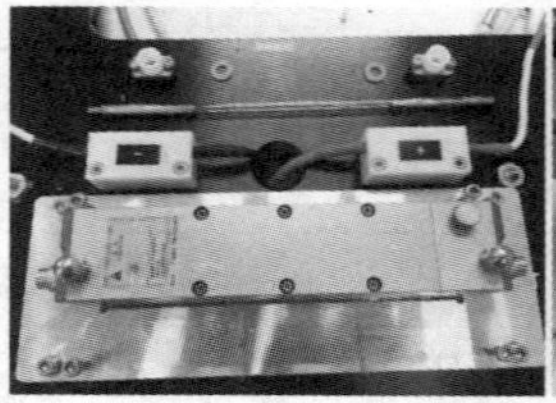

作业过程：

(1) 清洗氙灯。

(2) 将氙灯插入腔体中间，并在两端套上氙灯密封圈。

(3) 用氙灯压块压紧氙灯。

备注：

(1) 氙灯插入腔体中间后保证露出的两头等长。

(2) 氙灯压块上紧时内六角螺丝应该依次轮流旋转，不可一次性将某一螺丝直接上紧。

工具、量具

序号	名称	单位	数量
1	内六角	套	1

需备零部件

序号	名称/型号	单位	数量
1	氙灯	台	1
2	氙灯密封圈	个	2
3	氙灯压块	个	2
4	腔体	个	1
5	内六角螺丝	颗	4

| 编制（日期） | 校对（日期） | 审核（日期） | 批准（日期） | 共 27 页 第 9 页 |

文件编号	项目名称	主要器件连接	产品名称	多光路光纤传导激光焊接机	分发部门
005-1303	工作任务	氙灯泵浦激光器安装与调试	产品型号	GJD-HWLW 075A	

装配示意图:

作业过程:

(1) 将腔体进出水口接上进出水管并用喉箍锁紧。
(2) 将腔体放置在光路平台上。
(3) 左右移动腔体,让红光从压棒端的两端中心穿过,保证激光棒两端面的反射光与入射光重合。
(4) 固定腔体。
(5) 将电极夹头锁在氙灯两端。

工具、量具:

序号	名称	单位	数量
1	内六角	套	1

需备零部件:

序号	名称/型号	单位	数量
1	喉箍	个	2
2	腔体	个	1
3	内六角螺丝	颗	6

编制(日期)	校对(日期)	审核(日期)	批准(日期)	共 27 页	第 10 页

文件编号	项目名称	主要器件连接	产品名称	多光路光纤传导激光焊接机	分发部门	
005-1303	工作任务	氙灯泵浦激光器安装与调试	产品型号	GJD-HWLW 075A		

装配示意图：

作业过程：

(1) 清洗半反镜片。

(2) 判断半反镜片及其镀膜面。

(3) 将半反镜片装入三维镜片调整架。

(4) 将调整架固定在光路平台上。

(5) 调整半反镜架上的调整旋钮，使红光照射在半反镜片上的入射光和反射光重合。

(6) 锁紧调整架上的调整旋钮。

备注：

半反镜片的镀膜面朝腔体方向。

工具、量具

序号	名称	单位	数量
1	内六角	套	1

需备备部件

序号	名称/型号	单位	数量
1	半反镜片	个	1
2	三维镜片调整架	个	1
3	内六角螺丝	颗	2

编制（日期）	校对（日期）	审核（日期）	批准（日期）	共 27 页 第 11 页

文件编号	项目名称	工作任务	主要器件连接	产品名称	分发部门
005-13C3	工作任务	氙灯泵浦激光器安装与调试	多光路光纤传导激光焊接机	产品型号　GJD-HWLW 075A	

光斑示意图：

第二象限　第一象限
第三象限　第四象限

作业过程：

(1) 开冷水系统，观察是否漏水，如漏水则需检查激光棒和氙灯密封压块是否压紧。

(2) 无漏水情况下开机并点灯。

(3) 灯点亮后，调整参数到 150 A 的电流，2.0 ms 的脉宽。

(4) 点动出激光，将相纸放置在半反镜前面观察有没有激光输出。

(5) 如果无激光输出，关机重复前期工作。

(6) 如有激光，使光斑痕迹出现在相纸上，调节全（半）反镜上方的旋钮，使镜片沿谐振腔平行轴线方向旋转；调整垂直轴线的方向旋转，使得光斑的左右方向旋转。调节全（半）反镜上方的旋钮，使镜片沿谐振腔谐振平行轴线方向旋转，使镜片沿谐振腔谐振垂直轴线方向旋转，使镜片沿镜片沿谐振腔谐振的方向旋转的转动幅度一致。

(7) 对于已经调节好的光斑，如果发现其不是在红光的中心，使光斑着上下方向平移，通过调节全反镜下方的旋钮调节光斑着左右方向平移，此时应注意旋钮调节的转动幅度一致。

(8) 在实际的整机调光时，为了快速调节光斑，有时操作员会同时调节全反镜和半反镜，对于不同的激光器，调节方法也不同，有的是反向调节，有的是同向调节。

工具，量具

序号	名称	单位	数量
1	十字螺丝刀	套	1

需备零部件

序号	名称/型号	单位	数量
1	空气开关/BW100EAG-3P100	个	2
2	螺丝	颗	6
3			

编制（日期）	校对（日期）	审核（日期）	批准（日期）	共 27 页　第 12 页

文件编号	项目名称	主要器件连接	产品名称	多光路光纤传导激光焊接机	分发部门
005-2111	工作任务	氙灯泵浦激光器安装与调试	产品型号	GJD-HWLW 075A	

装配示意图：

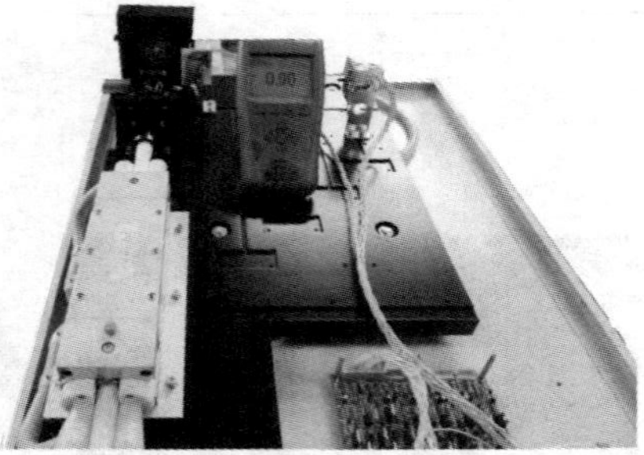

作业过程：

（1）取激光能量计和能量计探头按图示摆好，将激光扩束镜放在输出镜与能量计之间，调整位置，让红光点落在能量计探头的中点。

（2）按照激光输出能量特性测试表的要求进行激光能量输出测试，调节能量负反馈板上的电位器，直至能量输出符合测试表规定的要求。

（3）将测试结果做好记录。

工具、量具

序号	名称	单位	数量
1	激光能量计	套	1
2	能量计探头	套	1
3	激光扩束镜	个	1

需备零部件

序号	名称/型号	单位	数量

编制（日期）	校对（日期）	审核（日期）	批准（日期）	共 27 页	第 13 页

文件编号	项目名称	工作任务	产品名称	产品型号	分发部门
005-21C1	光路系统部件安装与调试	耦合筒安装	多光路光纤传导激光焊接机	GJD-HWLW 075A	

装配示意图:

M6*16平端螺钉
M3*10内六角螺钉

作业过程：
(1) 取外筒一个，按图示方向将光纤对焦块放进外筒内，放上两根调节弹簧。
(2) 按图示在外筒两个螺孔拧上 2 颗 M3*10 内六角螺钉并锁紧，另两个螺孔拧内六角平端紧定螺钉和六角螺母。
(3) 调节六角螺母，使光纤对焦块处在外筒正中心。

需备零部件

序号	名称/型号	单位	数量
1	外筒	个	1
2	光纤对焦块	个	1
3	调节弹簧	个	2
4	弹簧压板	个	2
5	内六角平端紧定螺钉	颗	2
6	六角螺母/M6	颗	2
7	内六角螺钉/M3*10	颗	2

工具、量具

序号	名称	单位	数量

编制（日期）	校对（日期）	审核（日期）	批准（日期）	共 27 页	第 14 页

文件编号	项目名称	工作任务	产品名称	产品型号	分发部门
005-2103	光路系统部件安装与调试	耦合筒安装	多光路光纤传导激光焊接机	GJD-HWLW 075A	

装配示意图：

作业过程：

（1）按图示装上压盖，用 4 颗 M3 * 10 内六角螺钉加平垫将压盖固定在外筒上并锁紧螺钉。

（2）用 2 颗 M3 * 10 内六角螺钉加 4 个大平垫将压板与光纤对焦块拧在一起，如图所示。

（3）将压环放在外筒上，如图所示。

（4）将微动调节盘拧在内筒上后，把内筒放进外筒，用 4 颗 M2 * 8 内六角螺钉加弹垫将微动调节盘跟压环锁紧在一起，如图所示。

工具、量具：

序号	名称	单位	数量
1	内六角扳手	套	1

需备零部件：

序号	名称/型号	单位	数量
1	压盖	个	1
2	内六角螺钉/M3 * 10	颗	6
3	大平垫/M3	个	4
4	平垫/M3	个	4
5	弹垫/M3	个	4
6	内六角螺钉/M2 * 8	颗	4

编制（日期）	校对（日期）	审核（日期）	批准（日期）	共 27 页　第 15 页

文件编号	项目名称	光路系统部件安装与调试	产品名称	多光路光纤传导激光焊接机	分发部门
005-2105	工作任务	耦合筒安装	产品型号	GJD-HWLW 075A	

装配示意图：

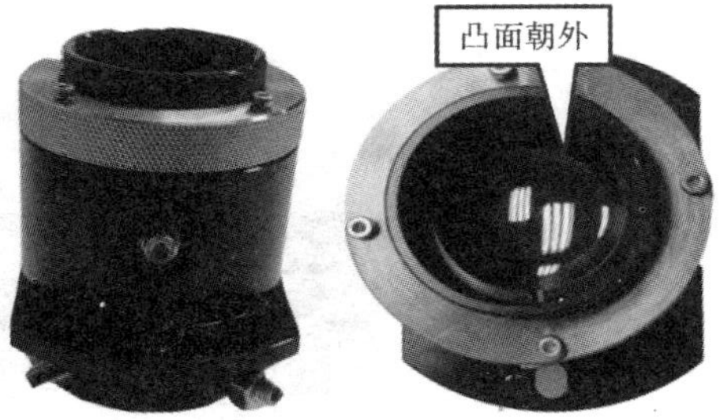

凸面朝外

作业过程：

（1）用一颗 M3＊10 内六角螺钉加平弹垫将内筒固定，如图所示。

（2）用酒精将筒内部、光纤对焦块内孔和凸镜擦洗干净。

（3）依次将凸镜（凸面朝上）、凸镜隔圈放进筒内后用凸镜压圈拧紧，如图所示。

工具、量具

序号	名称	单位	数量
1	内六角扳手	套	1

需备零部件

序号	名称/型号	单位	数量
1	内六角螺钉/M3＊10	颗	1
2	平垫/M3	个	1
3	平弹垫/M3	个	1

编制（日期）	校对（日期）	审核（日期）	批准（日期）	第 16 页 共 27 页

文件编号	项目名称	工作任务	产品名称	多光路光纤传导激光焊接机	分发部门
005-2207	光路系统部件安装与调试	光纤耦合装调	产品型号	GJD-HWLW 075A	

装配示意图：

作业过程：

(1) 将 100 C 全反镜座和 100 A 全反镜座按图示装在光学底板的指定位置。

(2) 将小孔光阑放在反射定位槽中，调整 100 C 镜座位置，使反射红光通过。

(3) 小孔光阑的中心，调整 100 A 镜座位置，使反射红光通过另一小孔光阑的中心，如图所示。

(4) 旋紧固定全反镜座的 M5 * 20 内六角螺钉（扭力标准 30 N·m）。

(5) 将相纸贴在 100 A 全反镜前端的小孔光阑上，激光观察相纸上的成像，应为如图所示的均匀的圆形光斑。

(6) 若红光不在正中心，需微调红光反射镜，直至红光在正中心。

(7) 拿开相纸，观察红光在 100 A 全反镜后端小孔光阑上的成像，调整 100 A 全反镜的位置和角度，直至红光刚好通过小孔光阑。

备注：

各部位螺钉必须锁紧。

工具、量具：

序号	名称	单位	数量
1	内六角扳手	套	1
2	小孔光阑	个	1

需备零部件：

序号	名称/型号	单位	数量

编制（日期）	校对（日期）	审核（日期）	批准（日期）	共 27 页 第 17 页

文件编号	项目名称	工作任务	产品名称	产品型号	分发部门
005-2209	光路系统部件安装与调试	光纤耦合装调	多光路光纤传导激光焊接机	GJD-HWLW 075A	

装配示意图:

作业过程:

(1) 松开耦合筒固定架上固定耦合筒的螺钉,如图所示;

(2) 把光阑旋入耦合筒的内筒,调节耦合筒在固定架上的位置,使红光能通过光阑孔的中心,将耦合筒固定架上固定耦合筒的螺钉锁紧(扭力标准30 N·m),如图所示。

备注:

各部位螺钉必须锁紧。

工具、量具:

序号	名称	单位	数量
1	内六角扳手	套	1
2	光阑	个	1

需备零部件:

序号	名称/型号	单位	数量

编制(日期)	校对(日期)	审核(日期)	批准(日期)	共 27 页	第 18 页

文件编号	项目名称	产品名称	分发部门
005-2210	光路系统部件安装与调试	多光路光纤传导激光焊接机	
工作任务	光纤耦合装调	产品型号　GJD-HWLW 075A	

装配示意图：

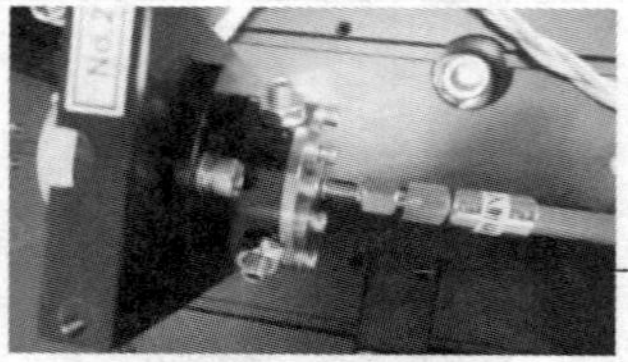

光纤端口突出部分应对应对准直光纤连接座缺口处

光纤端口突出部分应对应耦合筒光纤连接座缺口处

作业过程：

（1）检查光纤规格型号正确无误后用酒精将光纤端面擦拭干净。

（2）将光纤入射端口插入耦合筒，光纤端口突出部分应对应对应耦合筒光纤连接座的缺口处，然后旋紧固定螺母，如图所示。

（3）将光纤出射端口插入出射头，光纤端口突出部分应对应对准直单元光纤端口突出部分应对应对准直单元光纤连接座的缺口处，然后旋紧固定螺母，如图所示。

备注：

（1）本机测试用光纤和出射头应应为本机出货光纤出射头，且每个分光路应一一对应。

（2）光纤易脆，需小心安装。

（3）光纤端面需用酒精擦拭干净。

（4）光纤入射和出射端的安装位置不能搞错。

需备零部件

序号	名称/型号	单位	数量
1	光纤/ST400F	根	1

工具，量具

序号	名称	单位	数量
1	内六角扳手		1

编制（日期）	校对（日期）	审核（日期）	批准（日期）	共 27 页　第 19 页

文件编号	项目名称	光路系统部件安装与调试	产品名称	多光路光纤传导激光焊接机	分发部门
005-2211	工作任务	光纤耦合装调	产品型号	GJD-HWLW 075A	

装配示意图：

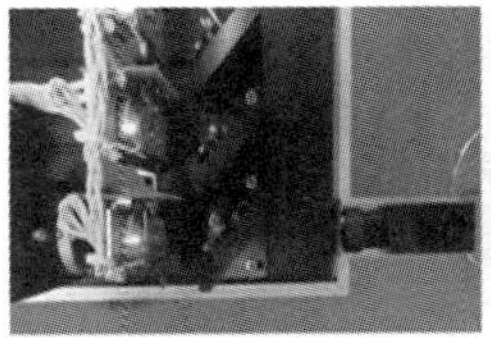

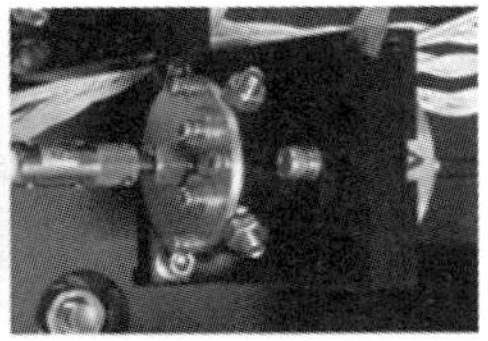

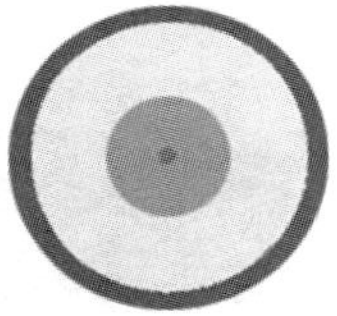

作业过程：

（1）用耦合筒观察镜将已装好光纤的耦合筒校准。

（2）调节耦合筒外筒，使耦合观察镜观察到清晰的图像，锁紧耦合筒外筒固定螺钉，如图所示。

（3）调节六角平端螺钉，使耦合观察镜观察到如图所示的图案，红色亮点在大红圆斑的正中心，先锁紧耦合筒侧面的两 M3＊10 内六角螺钉，再用六角螺母固定调节螺钉，如图所示。

备注：

（1）用眼观察时严禁激光射出。

（2）各部分螺钉必须锁紧。

工具、量具				需备零部件			
序号	名称	单位	数量	序号	名称/型号	单位	数量
1	内六角扳手	套	1				
2	耦合筒观察镜	套	1				

编制(日期)		校对(日期)		审核(日期)		批准(日期)		共 27 页	第 20 页

文件编号	项目名称	光路系统部件安装与调试	产品名称	多光路光纤传导激光焊接机	分发部门
005-2212	工作任务	光纤耦合装调	产品型号	GJD-HWLW 075A	

装配示意图：

作业过程：

(1) 在相同参数模式下，分别按照光纤耦合效率表的要求进行激光能量输入与输出测试、调节耦合筒上的微动调节盘，直至耦合效率符合耦合效率表规定的要求。

(2) 将测试结果如实记录。

(3) 本机测试用光纤和出射头应为本机出货光纤出射头，且每个分光路应一一对应。

(4) 光纤耦合效率表的详情见表单 FR-05-0919B/3 第 9 页，耦合效率＝输出能量/输入能量×100%，要求耦合效率>90%。

备注：

(1) 电极有高压、调光时切勿触碰、激光对人体伤害巨大、不可直视或接触。

(2) 操作人员应佩戴防护眼镜、测量数据应如实有效。

工具、量具

序号	名称	单位	数量
1	激光能量计	套	1
2	测试用准直镜	套	1
3	内六角扳手	把	1

需备零部件

序号	名称/型号	单位	数量

编制（日期）	校对（日期）	审核（日期）	批准（日期）	共 27 页 第 21 页

文件编号	项目名称	工作任务	产品名称	产品型号	分发部门
005-2214	光路系统部件安装与调试	能量分光路装调	多光路光纤传导激光焊接机	GJD-HWLW 075A	

装配示意图：

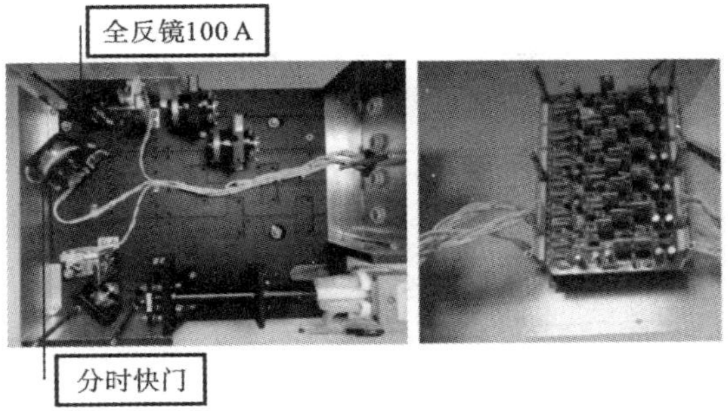

全反镜100 A

分时快门

作业过程：

(1) 以上作业指导属能量分光多光路机型，若为多光路时同分光时同分光机型，以同样的安装、调试方法相应增加分时快门，激光分光镜以反耦合筒，其中，2分时增加1个分时快门，1个耦合筒，1块光路中转板，调试方法同单光束，如图所示。

(2) 本机测试用光纤和出射光纤出射头，且每个分光应一一对应。

(3) 光纤耦合效率表详情见表单 FR-05-0919 B/3 第9页。耦合效率＝输出能量/输入能量×100%。要求耦合效率>90%。

备注：

(1) 各部位螺钉必须锁紧。

(2) 分时快门打开时中心高应在 42.5 mm 左右。

(3) 测量数据应真实有效。

工具、量具

序号	名称	单位	数量
1	内六角扳手	套	1
2	十字螺丝刀	套	1
3	扳手	把	1

需备零部件

序号	名称/型号	单位	数量

编制（日期）	校对（日期）	审核（日期）	批准（日期）	共 27 页	第 22 页

文件编号	项目名称	工作任务	产品名称	分发部门
005-2215	光路系统部件安装与调试	能量分光光路装调	多光路激光纤传导激光焊接机	
			产品型号	
			GJD-HWLW 075A	

装配示意图：

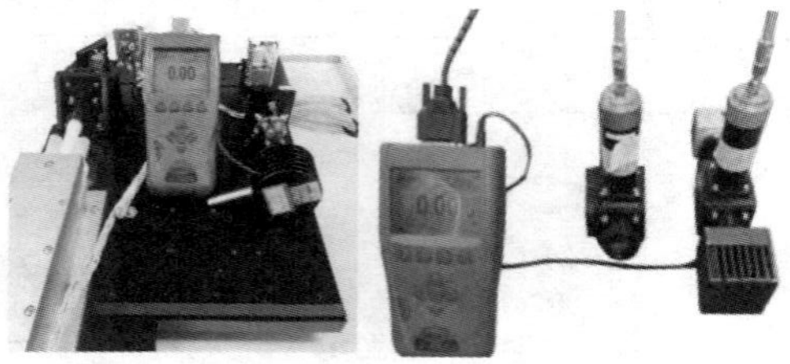

作业过程：

（1）调试方法同单光束，在相同参数模式下，分别按照光纤耦合耦合效率表的要求进行激光能量输入与测出测试，调节耦合筒上的微动调节盘，直至耦合效率符合效率表规定的衰减的要求。

（2）取两个光路中出射能量较小的一路光作为参照，在另一路光的分快门后面面增加适当的衰减片，使两光路误差"（出射能量/参照能量－1）×100％"在±3％之内。

（3）将总入射能量，各个光路入射和出射能量测试结果如实的记录在记录表单 FR-05-0919 B/3 第9页。

（4）分光精度＝（各光路出射能量/其中最小出射能量－1）×100％，误差应在±3％之内，耦合效率＝总入射能量/输出能量×100％，要求耦合效率＞90％。

备注：

（1）各部位螺钉必须锁紧。

（2）测量数据应真实有效。

工具、量具

序号	名称	单位	数量
1	内六角扳手	套	1
2	十字螺丝刀	套	1
3	扳手	把	1

需备零部件

序号	名称/型号	单位	数量

编制（日期）	校对（日期）	审核（日期）	批准（日期）	共27页 第23页

文件编号	项目名称	产品名称	分发部门
005-2216	光路系统部件安装与调试	多光路光纤传导激光焊接机	
	工作任务	产品型号	
	能量分光路装调	GJD-HWLW 075A	

装配示意图：

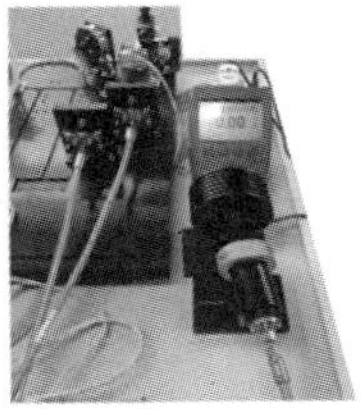

作业过程：

(1) 装上光纤，用耦合筒观察镜将耦合筒校准。

(2) 按照光纤耦合效率表的要求进行激光能量输入与输出测试，调节耦合筒上的微动调节盘，直至耦合效率符合激光效率表规定的要求。

(3) 将测试结果做好记录。

工具、量具

序号	名称	单位	数量
1	激光能量计	套	1
2	能量计探头	套	1
3	耦合筒观察镜	套	1
4	平光镜筒	套	1
5	光纤	套	1

需备零部件

序号	名称/型号	单位	数量

编制（日期）	校对（日期）	审核（日期）	批准（日期）	共 27 页	第 24 页

文件编号	项目名称	产品名称	多光路光纤传导激光焊接机	分发部门
005-2215	整机装调			
	工作任务	工作台装调	产品型号	GJD-HWLW 075A

装配示意图:

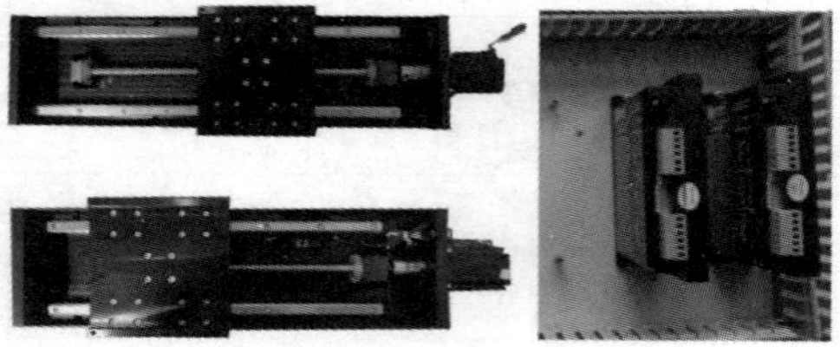

作业过程:
(1) 用连轴器连接好导杆和电机,用内六角螺钉将电机固定在右侧板上。
(2) 将限位器装载在底板上,将航空插头装在右侧板上,按照电气原理图图纸接线。
(3) 将步进电机驱动器按图示装在安装板上。

工具、量具

序号	名称	单位	数量
1	内六角扳手	套	1
2	十字螺丝刀	套	1
3	扳手	把	1

需备零部件

序号	名称/型号	单位	数量
1	步进电机	个	3
2	步进电机驱动	个	3
3	限位开关	个	6
4	X,Y,Z导轨滑台	套	3

编制(日期)	校对(日期)	审核(日期)	批准(日期)	共 27 页	第 25 页

文件编号	项目名称	整机装调	产品名称	多光路光纤传导激光焊接机	分发部门
005-2215	工作任务	工作台装调	产品型号	GJD-HWLW 075A	

装配示意图：

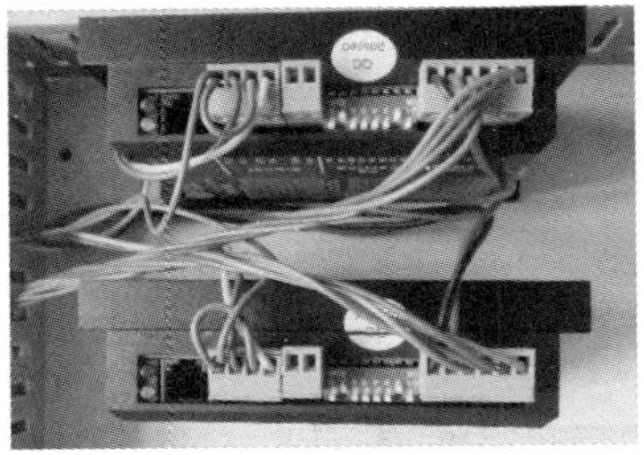

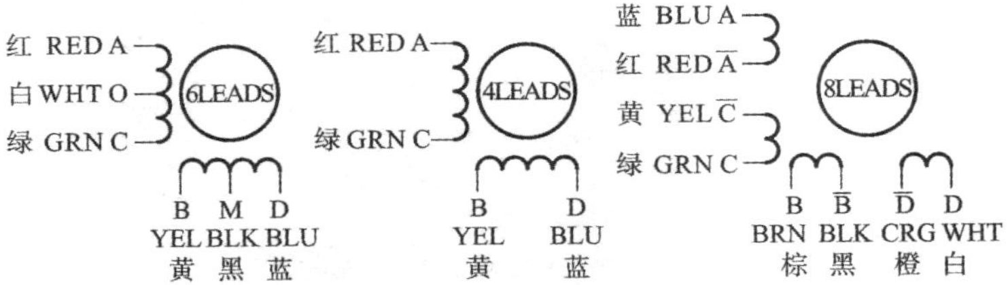

```
红 RED A
白 WHT O
绿 GRN C
(6LEADS)
B   M   D
YEL BLK BLU
黄  黑  蓝

绿 GRN C
(4LEADS)
B   D
YEL BLU
黄  蓝

蓝 BLU A
红 RED A
黄 YEL C
绿 GRN C
(8LEADS)
B  B̄  D  D̄
BRN BLK CRG WHT
棕  黑  橙  白
```

作业过程：
按照电气原理图图纸将步进电机及步进电机驱动部分的各线材连接好。

工具，量具

序号	名称	单位	数量
1	内六角扳手	套	1
2	十字螺丝刀	套	1
3	扳手	把	1

需备零部件

序号	名称/型号	单位	数量
1	步进电机	个	3
2	步进电机驱动	个	3
3	限位开关	个	6
4	X,Y,Z导轨滑台	套	3

编制（日期）	校对（日期）	审核（日期）	批准（日期）	共 27 页　第 26 页

文件编号	项目名称	整机装调	产品名称	多光路光纤传导激光焊接机	分发部门
005-2215	工作任务	工作台装调	产品型号	GJD-HWLW 075A	

装配示意图：

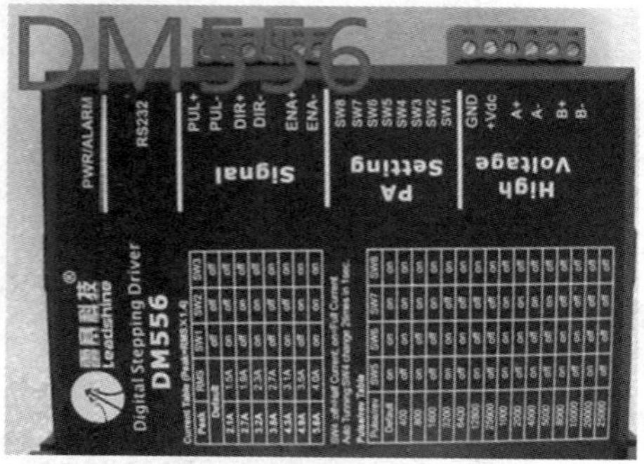

作业过程：

（2）为了驱动不同扭矩的步进电机，用户可以通过驱动器面板上的拨码开关 SW1、SW2、SW3 位来设置驱动器的输出相电流的有效值（单位：安培），以及各开关位置对应的输出电流。不同型号驱动器所对应的输出电流不同。

（2）驱动器可将电机每转的步数分别设置为 400、800、1000、1600、2000、3200、4000、5000、6400、8000、10000、12800、20000、25000、25600 步。用户可以通过驱动器正面板上的拨码开关的 SW5、SW6、SW7、SW8 位来设置驱动器的步数。

工具、量具

序号	名称	单位	数量
1	内六角扳手	套	1
2	十字螺丝刀	套	1

需备零部件

序号	名称/型号	单位	数量
1	步进电机驱动	个	3

编制（日期）	校对（日期）	审核（日期）	批准（日期）	共 27 页 第 27 页

参 考 文 献

[1] 张冬云.激光先进制造基础实验[M].北京:北京工业大学出版社,2014.

[2] 王宗杰.熔焊方法及设备[M].2版.北京:机械工业出版社,2006.

[3] 金闳夏.图解激光加工实用技术[M].北京:冶金工业出版社,2013.

[4] 史玉升.激光制造技术[M].北京:机械工作出版社,2012.

[5] 郭天太,陈爱军,沈小燕,等.光电检测技术[M].武汉:华中科技大学出版社,2012.

[6] 刘波,徐永红.激光加工设备理实一体化教程[M].武汉:华中科技大学出版社,2016.

[7] 徐永红,王秀军.激光加工实训技能指导理实一体化教程[M].武汉:华中科技大学出版社,2014.

[8] 何勇,王生泽.光电传感器及其应用[M].北京:化学工业出版社,2004.

[9] 李旭.光电检测技术[M].北京:科学出版社,2005.

[10] 若木守明,等.光学材料手册[M].周海宪,程云芳,译.北京:化学工业出版社,2010.

[11] 深圳市联赢激光股份有限公司.UW联赢激光产品使用说明书.2016.

[12] 深圳市联赢激光股份有限公司.UW-WI-04025A175A整机作业指导书.2016.